# 这个世界，没有所谓的怀才不遇

[美] 奥里森·马登 著
静涛 编译

江西人民出版社
Jiangxi People's Publishing House
全国百佳出版社

图书在版编目(CIP)数据

这个世界,没有所谓的怀才不遇/(美)奥里森·马登著;静涛编译. -- 南昌:江西人民出版社,2017.7
ISBN 978-7-210-09367-1

Ⅰ.①这… Ⅱ.①奥…②静… Ⅲ.①成功心理 - 通俗读物 Ⅳ.①B848.4-49

中国版本图书馆CIP数据核字(2017)第086643号

## 这个世界,没有所谓的怀才不遇

(美)奥里森·马登 / 著

静涛 / 编译

责任编辑 / 冯雪松　胡小丽
出版发行 / 江西人民出版社
印刷 / 天津安泰印刷有限公司
版次 / 2017年7月第1版
2017年10月第2次印刷
880毫米×1280毫米　1/32　7印张
字数 / 120千字
ISBN 978-7-210-09367-1
定价 / 26.80元
赣版权登字-01-2017-323
版权所有　侵权必究

如有质量问题,请寄回印厂调换。联系电话:010-64926437

# 前言 Preface

奥里森·马登（Orison Marden，1848—1924），美国成功学的奠基人，伟大的励志导师之一。他所著写的作品流传全世界，改变了无数人的命运。无论是当时的美国总统艾森豪威尔、尼克松、卡特、布什等，还是洛克菲勒、索罗斯、比尔·盖茨等商业巨子在提到他们的成就时，都提到奥里森·马登对他们的影响。

美国记者、著名书评家门肯曾在20世纪70年代的时候说，"其中，至少300万册不是用英语出版，而是用另外25种语言……直到今天，在欧洲，马登仍然是最受欢迎的美国作家……在西班牙、波兰和捷克斯洛伐克的偏远小镇，某些地方是连马克·吐温和杰克·伦敦都不曾到过的地方，我亲眼看到他的译本被放上书架。马登简直就是美国文学的旗帜……"

奥里森·马登用他一生的经历告诉人们：每个人都可以通过发挥自己的才能，找到致富和成功之道。并且他以一种无私的情怀，把如何正确发挥自己的才能，用实例结合理论的方式告诉人们，并激励了无数人，让很多平凡的人找到自己的用武之地。他也被后世人尊崇为"成功学大师"。我们根据他的经典理论"不要给自己留退路""激发自己的潜能""锻造一生的资本""脱离贫困境地的秘诀"等，结合他其他的著作，精心编译了这本《这个世界，没有所谓的怀才不遇》，以期告诉读者，认识不完美的自己，才能找到施展自己才能的方面；不要在本该奋斗的时候，选择了安逸，不逼自己一把，怎么能成大器；不自信，不勤奋，不思考的人没有资格抱怨怀才不遇；很多人之所以平庸，就是努力程度不够，不敢拼一把，生活会过得越来越将就；不断自我提升，才能在竞争社会处于不败之地；要想活出自己的人生价值，除了个人综合能力、好习惯、良好的社交能力、自信心等，还需要要诚信，因为诚信是一个人做人的根本。总之，一个人想要做人生赢家，就要不断努力，这个世界没有怀才不遇的人，只有怀才不努力的人。

如果你想被人重视和重用，获得肯定和荣誉，那么不妨读读奥里森·马登的书。我们相信，在本书中你一定能找到某个让平凡的你改变的观点，让你的才华得到施展的一片天地，活成更好的自己。

# 目录 Contents

## 第一章　认识不完美的自己

心态是所有成功的先决条件 / 003

要想美丽，一定要远离忧虑 / 010

对美的追求，是重要的一件事 / 016

加强个人的魅力和独特性格 / 025

改正缺点，完善自我 / 035

## 第二章　不要在本该奋斗的时候，选择了安逸

机会无处不在，只看你肯不肯把握 / 043

要么不做，要么做好 / 055

工作的态度决定一切 / 065

树立目标，确立航向 / 073

## 第三章　这个世界，没有所谓的怀才不遇

伟大的成就来自于勤奋 / 083

摆脱环境的束缚激发潜能 / 091

成功从来只属于自信的人 / 097

没有思考，你永远换不来成功 / 101

你还年轻，怎么能丧失热情 / 105

## 第四章　敢拼，将来的你才会感谢现在的自己

有付出才有收获 / 115

保持强烈的进取心 / 121

珍惜精力和时间 / 127

机会青睐有准备的头脑 / 134

集中精力做好一件事 / 139

## 第五章　挖掘潜能，不断升级自己的人生资本

不断提升自己的判断力 / 149

增强自我控制力 / 153

通过各种方式增长学识 / 160

突破思维定势 / 168

贫穷不能阻止人们成功 / 172

## 第六章　活出价值，靠的是综合能力和诚信

诚信带来好运和商机 / 183

习惯的力量是巨大的 / 192

不要因为贫困就忘记追求 / 197

如何在社交活动中胜出 / 203

身体好，一切都好 / 212

# 第一章

认识不完美的自己

在这个世上，几乎没有完美的人。每个伟大的人身上都有不完美的缺点，但很少有人注意到，所以难免有人会产生疑问：为什么那些伟大的人看起来几乎是完人呢？因为他们放大了自己身上的优点，所以缺点被忽略了。一个人的缺点并不可怕，可怕的是不认识它。有的人让缺点伴随一生，却没有认识到，到头来还问自己的人生为什么会这样呢？人唯有全面认识自己，才能够取长补短，让自己活出真的自我，获得幸福的生活。

## >>> 心态是所有成功的先决条件

人类的身体与思维密不可分，具体表现为身体是思维产生的基础，思维又指导着身体不断行动。人类的情绪千变万化。在一个情绪消极的人眼中，身边的所有景物都暗淡无光。这时候倘若有突如其来的惊喜事件发生，便可以使其从消极的情绪中迅速解脱出来。这种惊喜事件多种多样，例如重遇阔别多年的好友，与朋友去踏春郊游，与恋人约会，共度美好时光等，都可以让我们找回轻松愉悦的好心情。这时候，再将视线定格于周围的景物，便会发现到处景致如画，令人心旷神怡。

人都是矛盾的综合体。人们相信自己拥有足够的才能，完全可以获得成功，但是又觉得自己的缺点太多，担心这将会对自己的成功造成极大的阻碍。很多人终日郁郁寡欢就是因为这个原因。事实上，根本没必要为这件事担忧。天底下并不存在完美的人，每个人都有各种各样的缺陷。人们若对成功有了足够的自信，便不必再为自己的缺点忧心。因为缺点是可以改变的，只要有恒心，再大的缺点都可以变成优点，对自己的成功起到促进作用。

很多人之所以失败，完全是因为心态的问题。他们一方面期盼脱贫致富，另外一方面却不相信自己有能力做到这一点。自信之人方能成就一番事业，对自己的能力始终持怀疑态度，这样的人永远无法事业有成。

成功人士不管遇到什么事都习惯往好的一面去想，他们有着强烈的创新欲，时刻不忘开拓进取。正是这种积极乐观的心态，促使他们最终走向成功。

心态是由个人的关注点决定的。失败者总是关注消极的一面，他们若想培养乐观的成功者心态，就必须要强迫自己将注意力转移到积极的方面。

现实总是带给我们忧虑。一方面希望拥有财富，另一方面又畏惧争取财富的过程。很多人之所以生活不顺遂，皆是由心态问题引起。这种怀疑、畏怯的心态，是我们前进道路上的巨大绊脚石，让许多人终生都无法摆脱贫穷。要想脱掉贫穷的枷锁，只能依靠自己。自怨自艾对改善生活现状毫无用处，我们要做的只能是先接受现状，再寻求改善现状的方法。我们要有坚定的信念，坚信自己一定可以脱离贫穷。否则，拥有巨大的财富永远都只能是空想。

苦难往往来自内心，痛苦总是源自消极悲观的心态，而非困难本身。被消极心态控制的人，会将自己所要面临的困难主观扩大，让自己在战斗开始之前，就已信心尽失。

你心里在想什么，眼中看到的便是什么。心中充满悲观绝望的人，在生活中永远看不到希望与美好。拥有这样的心态，如何妄谈成功？从这个意义上来说，心态的成功是所有成功的先决条件。

没有人不梦想成功，但真正梦想成真的又有几个？消极的思想禁锢了人们的行动，让梦想永远只停留在想的阶段，而没有勇气付诸实践。在工作中，这些人往往被很多不必要的担忧控制，束手束脚，精神倦怠。这种工作状态将使他们永远被成功拒之门外，因为成功者必须具备这样的条件：在工作中要有热情，积极创新，保持高效。

努力发掘事情好的方面，并坚信事情将不断走向更好，痛苦和疾病终会过去，正义和真理必胜。如此一来，我们才能对事情形成更全面、更深入的认识，养成积极乐观的心态，信心百倍地迈向成功。

积极乐观的心态会像阳光一样照亮人们的生命。它会给人带来快乐，并在快乐中加速迈向成功的步伐。每个人都应努力培养这种心态，健康快乐地成长进步。成功者不会将抱怨挂在嘴上，这是弱者才会做的事。强者之所以成为强者，是因为他们一早便明白软弱哭泣毫无用处，只有踏实苦干才是成功之道。弱者总喜欢怨天尤人，却从来不从自身寻找失败的原因。

我们不能抱怨自己的工作，即使觉得极度枯燥，难以培养兴趣，至少不要厌憎。我们应自觉培养乐观积极的心态，学会在自己不喜欢但必须要做的工作中寻找乐趣。要将成功大道走到底，就必须要有永不磨灭的热情，对任何工作都一视同仁。工作绝无高低贵贱之分，不管一份工作有多普通，总有人在其中成就斐然。一个人能否成功，取决于他怎样做，而不是做什么。任何工作都值得我们用全部的热情去将它做好。我们的人生最终会取得怎样的成果，完全取决于我们自己。我们所做的任何一件小事都会在成果中有所显示。

要想获得成功，那么从这一刻开始，对任何事都竭尽所能，毫无保留地付出一切吧！面对工作，永远保持积极乐观的心态，无论这项工作多么普通，我们都能从中获益匪浅。

与积极乐观的心态相对应的是消极悲观的心态，被消极心态控制的人就好比身陷地狱。成功的大门永远都对这些人紧闭着，因为他们看到的始终是事情最差的一面，他们永远都不相信自己会取得成功，所以失败便成了他们必然的结局。

消极悲观的心态是人类懦弱的源头。当人们受消极心态控制，对成功毫无信心之时，失败便成为必然结果。很多愚蠢的决定，皆因决定者心态消极所致。这个问题该如何解决呢？当我们为糟糕的现实感到苦闷绝望时，不妨尝试着暂时放下这件事，帮自己寻找一些轻松愉悦，从而帮助我们逐渐摆脱消极苦闷的心理。

消极悲观的心态总会在人们寂寞空虚时产生，随即而来的种种恶劣情绪将对我们的心理健康造成极大的伤害，抑制我们对成功的渴望，最终将我们的斗志毁灭殆尽。

心态积极乐观的人，会凭借自己的能力广泛赢得人们的信任，进而使别人听从自己的领导与指挥。这类人往往在第一次见面就会将这种领袖能力展露无遗，给人们留下与众不同的深刻印象。

成功需要很多的能力做支撑，其中之一便是积极乐观的心态。假如不具备这样的心态，无论怎样才华出众，也难以获得成功。可惜大部分人都没有注意到这一点，终日沉溺在悲观消极的情绪之中，碌碌无为地度过自己的一生。

  如何培养积极乐观的心态，本应包含在我们对孩子的教育课程中。然而，事实却并非如此，心态教育被专家们隔绝在孩子们的课程之外。很多年轻人走向社会以后，心态悲观消极，不思进取，究其原因，正是当初在学校接受了失败的教育。

  无论遇到什么情况，都不要丧失自信，妄自菲薄。消极的心态，往往会在不知不觉间挫伤了人们的进取之心和创新能力。这种伤害起初并不起眼，但日积月累，最终将造成人生不可估量的巨大损失。

  积极乐观的心态对年轻人至关重要，有了它，便能克服所有消极情绪。有些年轻人在学校成绩优异，但参加工作以后却接连碰壁，原因便是心态不够乐观积极，被消极的情绪所困。比起那些学生时代表现一般的同学们，他们对工作有着更高的目标与期待，一旦受挫，便倍感失落，甚至一蹶不振。真正有智慧的人会感激人生的缺憾，因为这缺憾让他们体会到更多更深刻的道理。

  积极的心态对创新能力的培养大有帮助。不要让悲观的情绪萦绕自己，努力让自己变得乐观积极，只有这样才能培养更强大的创新能力，从而在工作和生活中取得更大的建树。

要经常给自己这样的暗示：我们已经变成了自己想要成为的人。这种心灵上的暗示会给人强大的动力，会加快理想实现的速度。要实现自己的理想，需要先在心中描绘出一幅完整的未来前景图。有了这样的蓝图作为指导，终有一日，我们会将自己美丽的人生塑造成型。

要消除悲观消极，就必须以乐观积极取而代之。唯有这样，才能走向成功。

人类社会需要不断地发展进步，正如植物的生长需要土壤、光照、空气和水，若是缺失了其中任何一项或几项，植物便无法正常生长，甚至会导致死亡。若是人类缺失了前进的信心和勇气，便会不可避免地走向灭亡。

在面对社会阴暗邪恶的一面时，积极乐观的心态会使我们保持清醒理智，免受邪恶思想的影响。我们要坚决拒绝一切邪恶，万万不可给其乘虚而入的机会，否则，极有可能会抱憾终生。

## >>> 要想美丽，一定要远离忧虑

在音乐家看来，人世间最痛苦的莫过于演奏失调的乐器，这件事简直叫他们不堪忍受。因为失调的乐器演奏出的不和谐的乐声会对音乐家敏锐的听觉造成巨大的损伤，导致他们的乐感水平急剧降低，对音调之间的一些极小的区别再难辨认。如此一来，他们很快便会从音乐的舞台上退场。如果将人生比做音乐，你所演奏出来的音乐水准如何，将直接由你所使用的乐器决定。你所从事的职业，例如律师、医生、作家等，就好比你在演奏音乐时所使用的钢琴、扬琴、胡琴等乐器。要演奏出和谐的生命乐章，便需要将其中的不和谐因素全部剔除。

忙乱是工作的大忌，这与跑调是唱歌的大忌是一样的。既然决定要做一件事，就应该想方设法做好它，不要把它做成四不像。正如演奏音乐，如果乐器是一把失调的小提琴，就算是意大利伟大的音乐家帕格尼尼也没本事奏出和谐的旋律。演奏和谐的音乐切忌使用失调的乐器，做其他事也是同样的道理。

很多人在忧虑中耗费了大半的精力，不仅无法完成预期的任务，还严重损坏了自己的创造力。忧虑会抑制人们才能的发挥，一个经常感觉忧虑不安的人，很难在工作中有好的表现。无论是什么导致了这种忧虑，解决的唯一方法就是坚定信念。只有信念坚定的人，才能开启生命中的希望之窗。只有信念坚定的人，才能一往无前，开创一片属于自己的天地。可以说，一切奇迹皆源自坚定的信念。

准备不足便匆忙上阵，往往会造成做事过程中信念不坚，忧虑重重，最终导致失败。我们无论做任何事都应该有坚定的信念，否则便会在忧虑迟疑中浪费精力。要消除忧虑，便要避免担忧事情的结果。否则，任由自己的情绪被忧虑占据，再想取得成功几乎就成了不可能的事。无论你已经付出了多少，一旦你的情绪被忧虑掌控，一切便成为徒劳。当困难降临时，要想让一切顺利进行，一定要避免忧虑，将所有精力全都倾注于困难的解决过程中。人们的创新能力会在忧虑之中渐渐消亡，与此同时，恐惧感也会因为忧虑不断加剧。忧虑造成人们情绪的起伏不定，从而给各种消极的情绪以可乘之机，令人们陷入更深的忧虑与绝望之中。事实上，忧虑对人们而言完全是没有必要的。我们每个人都有掌控自己命运的能力，这一点毋庸置疑。

有一位漂亮的女演员说过："要想让自己变得美丽，一定要远离忧虑。可以这样说，美丽会被忧虑毁灭殆尽。一个忧虑的人，会失去活力与斗志、自信与快乐。其容颜会在忧虑中不断磨蚀，其生活也会在忧虑中变得波折重重。所以，任何一个想要得到美丽的人，都要避免忧虑明日之事，释怀昨日之事。做到了这些，美丽之门便将为你开启。"

我们的时间和精力都是十分宝贵的，然而生活中却有很多把它浪费在无聊之事上的人。

在现实生活中，如果我们仅仅为了一点小事就抱怨不已，感到痛苦、焦虑、烦躁，这是十分不明智的行为。这样做只会扰乱我们内心的平静及思维的顺畅。

有些人虽然看起来不起眼，成就不了大业，但他们的破坏力却是惊人的。这种人就像嵌入身体里的刺，令我们感到隐隐作痛，却难以将它拔除。有些老师的行为严重打击了学生的自信。他们会喋喋不休地批评自己的学生，不管是一个小小的失误还是过去犯的错。这些人总喜欢夸大别人的问题，甚至到了扭曲事实的地步，他们这种小题大做的行为，将会把事情闹得收不了场。他们就像鞋子里的沙一样令人难受,但我们却很难在公众面前摆脱他们。有些领导的行为令员工感到讨厌、心情烦躁。员工们满腹牢骚地忍受他们无端的指责,忍受他们为了彰显自己的领导能力而一刻不停的嘴。

其实在我们的生活中还有很多有意义的事情可以做,所以,不要为了毫无意义之事而破坏自己的好心情。我们应把这些事果断抛开,让自己的每一天都过得充实起来。让它们都过去吧,不要再去理会,除非它们真的影响到你的生活。我们没必要太过计较他人的过失,甚至自己做饭做砸了也无需太在意。不要因为叫丈夫或孩子来吃饭时他们磨蹭了一会儿,就烦躁地不停抱怨,这只会让所有人吃饭时都不开心。不要拿具有责任感来作为你凡事挑剔、遇到不满意的就闹个不停的借口,总是大发雷霆只会令你的家人感到痛苦不堪、仿佛生活在地狱之中。当轮船在航行中因超负荷而遇到危险时,必须果断抛弃那些没有价值的物品。对于我们每个人来说也是如此,要懂得舍弃那些无意义的事情,如果一味地将它们都放在心上,对我们只有坏处而没有好处,徒增我们的烦恼。

我们并没有太多时间可以浪费,所以要想成就自己辉煌的一生,就必须把握好每一分、每一秒,去实现自我价值以及社会价值，这样的人生才是真正有意义的。我们要想成就大业，就不要把自己的时间和精力浪费在为琐事纠结、抱怨个不停上。这样做会使我们的一切努力都付诸东流，整日疲累不堪却毫无所成。因为我们的精力就像是破了一个小孔的气球，付出再多都白白流失掉了。

不要把自己的精力全花在为这些烦恼、焦虑、担忧上面，这样不仅对我们毫无益处，还会令我们的生活方式变得极为不健康。对于一切会使我们的思想变得消极、焦虑的事物，我们都应摒弃，只有这样才能使我们的生命爆发出最大的能量。愉快、美好的生活其实很容易获得，只要我们能时刻勇敢地面对并接受现实。

很少有人能真正做到不受生活中那些无足轻重的小事影响。要做到这一点，需要时刻提醒自己："生命对于强者来说，只是一个毫无难度的游戏。我若是想成功，随时随地都可以。只有那些蠢人才会被无关紧要的小事困扰，搞得自己终日疲于奔命，一事无成。"保持平和稳定的心态，对于从事任何工作的人而言都是很有必要的。人们应当珍爱人生，以平和的心态去迎接生命中的每一刻。做到了这一点，人们才能在每次挑战来临之际，做好充足的准备，积极应战。

我们需要和谐的心理状态,这是高效率工作的必备条件。要保持工作的高效率,最忌讳将恐惧、忧虑、愤怒、嫉妒、自私、贪欲等不良情绪带入工作中。总是被这类负面情绪控制的人,其成功的可能性微乎其微。

保持良好的心态会给人们带来巨大的收益,所以永远不要在调整心态这件事上吝惜时间。只要你对成功怀有强烈的愿望,不管你现在正在从事什么工作,成功总有一日会属于你。要找到打开成功大门的钥匙,先要找回失去的自我。在认清自我的前提下,才能将通往成功的大道看得更加清楚。

要想使自己的心态保持平和稳定,要想让自己的才能得到最大限度的发挥,并非易事。你需要对自己提出严格的要求,在开始做每件事之前,都需要与自己进行一次内容深刻的长谈,就好比两父子之间的交流。你可以试着这样对自己说:"做这件事可以给我的才能提供极大的发挥空间,所以是时候开始做这件事了。我要竭尽所能,最大限度地发挥自己的才能,不给自己留半点退路,不给胆怯与软弱任何露头的机会。"

## >>> 对美的追求,是重要的一件事

高超的审美能力会带给人们前所未有的活力,帮助其消除疲乏,振作精神,以极大的热忱投身生活与工作。这对于人们保持身心健康将起到巨大的促进作用,并能不断净化其灵魂,提升其思维能力。

审美能力的培养,必须建立在对美的感知与鉴赏的基础之上。审美能力是无可取代的。具备审美能力的人,可以全身心亲近自然,亲近宇宙,感受到旁人无法感受的宇宙的神圣高贵之美,体会到旁人无法体会的安宁与幸福。这样的人对万事万物都会怀有一颗虔诚的心,他们热爱生活,享受阳光,他们才是真正快乐的人。

审美能力的培养对人们走向成功,追求快乐,赢取幸福大有帮助。罗斯金对于美的执著追求,使得他的生活充满了常人难以企及的高尚魅力。他能在生活中始终保持乐观豁达,积极

向上的态度，正是源于自身对美的热爱与追求。他的灵魂在追求美的过程中不断得到净化。他能够以饱满的热情投身生活，也正是源自其对艺术之美与自然之美的不断追求。对美的热爱与追求赐予了他出色的审美能力，让他能体味到阳光的温暖，情感的动人，回忆的甜美，以及其他各种各样旁人无法深切感知的美。当一个人有了这样丰富的内心世界后，自然会将周围所有人的目光都吸引到自己身上。

审美能力的培养与智力的培养同等重要。这种能力到底有什么作用，或许在短时期内难以展露，但总有一天，它会发挥出自己应有的作用。等到那时候，人们不管身处何地，都会将对美的追求列为人生的一大目标。对这些人而言，生活中所有的美都是上帝赐予自己的恩惠。若是每个人都能做到这些，那么整个社会便会步入有序发展的轨道。不管人们将精力倾注于何处，都无法得到比之更丰盛的收获。因而，将精力用于培养自己的审美能力，是一项再明智不过的选择。

庸俗并非人类的本性。所有人生来便具备追求美的能力，如何将这种能力开发出来，便是人们应该做的工作。培养高尚美好的品格是人类一生之中最重要的使命。每个拥有这种品格的人都会从中受益匪浅，在他们眼中，美可以说是无处不在的。

  要想拥有对美的强大感知力，便要从小培养自身高尚美好的品格。审美能力除了能赐予人们幸福快乐的生活外，还能促使其高效工作，对其事业发展大有裨益。在审美能力高超的人眼中，整个世界都会变得五彩斑斓，充满希望。在这样的世界中，人们会生活得更舒适，更快乐。在通往成功的道路上，会走得更加信心饱满。

  人生来便具备热爱美、追求美的天性，然而要将这种天性开发出来，培养其对美的感知力与鉴赏力，便一定要借助听力与视力方能实现。对自然之美的感知，无一例外都要借助听力与视力，例如美丽的花朵、汹涌的大河、巍峨的高山等。要真正领悟到美的真谛，一定要亲眼去看，亲耳去听，与自然景致近距离接触。若是一个人对于美全无半分爱慕，那他的人品必将乏善可陈，他的整个人生也会被黑暗笼罩。

  对美的热爱与追求，能帮助人们培养高尚的情操，不断完善自己的人格。对美的热爱会赐予人们一种强大而未知的力量，在这种力量的作用下，人们会自动摒弃脑海中肤浅的思想，不再将金钱视为人生的头号追求，而是将高尚的品格作为自己终生奋斗的目标。在对孩子的培养过程中若缺少了审美教育，便会使之走上歧路。这样的孩子对美全无感知，更不必妄谈培养高尚的人格。在他们的眼中，只看得到金钱等物质资源，但其精神世界却是一片荒漠。

要想充实自己的人生，必须要培养对自然之美和艺术之美的热爱与追求。要想让自己的人生走向完美，必须要具备爱美之心。高尚的品格是建筑在爱美的基础之上的。一个人之所以会养成现在的性格，或许与别人对自己的影响关系不大。然而，一个人的性格形成却极易受到自然界中各种各样美好景物的影响。每个爱美之人都无法忽视美带给自己的巨大影响力。

爱美之心能帮助人们保持身心健康。人们能从美好的事物中感受到一种深入内心的强大力量。借助这种力量，人们将时刻保持清醒理智，将自己体内的潜能都激发出来，以最好的精神状态投入工作。

对美的热爱与追求，会使人们自动远离肤浅，避免精神生活的贫乏，让整个生命都随之充实起来。精神上的追求才是最可贵的，任何人在任何情况下都应牢记这一点，万万不可为了追逐物质财富而放松了对精神世界的建设。

不管是在职场还是在艺术领域，人们只要坚持对美的热爱与追求，便极可能会有一番大作为。美好会永存于爱美者心间，并在其言谈举止之中表露无遗。如果一个学者心存美好，那么他在学术上便会十分严谨，精益求精，周围的人也会对他尊敬有加。如果一个工程师心存美好，那么他在设计机器时便会内外兼顾，让机器在拥有强大功能的同时，兼具美观大方的外形。

不注重对孩子们审美能力的培养，是家庭教育中普遍存在的弊病。孩童阶段是人类对美最具感知力的时期。周围所有的景物都会对孩子们的审美能力造成影响，一切看似不起眼的东西都有可能激发起他们的想象力与创造力，例如壁画、餐具等皆是如此。家长们若想培养孩子的审美能力，就必须抓住各种各样的机会，让其体验到各种形式的美，如名著、音乐、诗歌等都是不错的选择。

美对于人们的影响会直至内心深处，而非流于外表。在人的一生之中，培养审美能力的重要性，绝对不亚于对智力的培养。对孩子的教育尤其要注意这一点，不管是学校教育也好，家庭教育也罢，都应竭尽全力培养孩子们的爱美之心，并让对美的热爱与追求贯穿他们生命的始终。

对美的不懈追求，是人生中至关重要的一件事。在美的熏陶中长大则是人生的一大幸事，因为美能赐予人们巨大的财富，旁人断然无法剥夺。

去乡村欣赏美景，会为你带来非凡的美的享受，让你的审美能力在这一过程中得到提升。事实上，绝大部分人的审美能力都开发不足。乡村在那些审美能力极强的人眼中，就如同一座恢弘壮观的宫殿，自然景致如画，美丽动人。徜徉在乡村，可以切身感受到柔和的清风，潺潺的小溪，清脆的鸟鸣，馥郁的花香，令人沉醉其间，心旷神怡。耳中间或捕捉到微微的风声，细细的虫鸣，声音与景致配合得天衣无缝。另外还有壮丽的晚霞与山峦作为背景，所有这一切一同描绘出一幅醉人的美景图，叫人流连忘返。不管你有多少物质财富，都无法买来这样怡然自得的心境。因此，要真正发掘出自然之美，并借助其提升自己的审美能力，重获快乐，不妨先将一切烦恼抛诸脑后，重归自然，全身心与自然景物融为一体。

某种神秘的力量就孕育在这自然之美中。错失了这种美的感受，便是错失了人生的一大快乐，将会造成你一生的遗憾。曾有一次，我险些与这种奇妙的感受擦身而过。那次，我打算横穿大峡谷。我坐在公共马车上，在坑坑洼洼的山路上颠簸行进了近一百英里路。当时我全身酸痛，已经连一点力气都没有了。正当我觉得自己就要坚持不下去，打算退缩的时候，忽然被山下的一幕景象震撼了。我只是不经意间往山下一瞥，那座闻名遐迩的大峡谷瀑布便映入眼帘。那一刻，太阳刚刚摆脱了云朵的环绕，灿烂的阳光照遍了大地的每个角落。我只觉得自己的一切疲倦与痛苦都在看到这幅壮丽的画卷之后消失得无影无踪。我将整个身心都沉溺其中，无法自拔。先前我从来没有看到过这样壮丽的美景，心底的震撼久久难以平复。面对那一幕，烦恼瞬间便被抛到了九霄云外，我的思想境界得到了极大的提升，竟然不由自主地流出了感动的泪水。

《圣经》上说，上帝对自己亲手造出的人持有厚望，希望他们能够像自己一样美好，因为上帝完全是依据自己的形象来造人的。上帝热爱美，这一点毋庸置疑。因而，每个人都要相信自己是上帝的宠儿，从一出生就被上帝赋予了对美的感知力与鉴赏力。

所有人生来便具备优雅的天性，之所以会有那么多人言谈举止粗鲁不堪，原因就是他们从未珍惜并开发利用过这种天性。上帝赋予了人们爱美的天性，所有人都应当重视并积极发挥这种美好的天性。

人们对于完美的向往，使得外在美在生活中备受喜爱。所有能展现美的自然景物或是人，都会让人们自心底生出深深的敬慕之情。

乏善可陈的生活会因为一颗爱美之心而发生彻底转变。对美的热爱与追求，会让人们生活得更加快乐，更加满足。美就像阳光一样，照亮了人们内心深处的每个角落。不管周围的环境有多么糟糕，只要有了爱美之心，就有了最坚定的精神支柱，帮助自己维持平和而强大的内心世界。假如没有了对美的追求，人们的生活便会变得相当枯燥无趣。

我们能通过感知美与欣赏美，得到巨大的快乐与满足。这是其他任何经历都无法赐予我们的。对孩子们进行审美能力的培养，能帮助他们健康成长，将本性中美好善良的一面开发出来。这同时能够提升他们的定力以及明辨是非的能力，帮助其抵御各种各样的不良诱导。这样的孩子在长大以后，绝不会走上歧路，做出违法犯罪的恶行。

要培养孩子们的审美能力并不需要花费太多的时间与精力，这一点，为人父母者大可放心。要知道，孩子的心灵异常敏感，任何一个小小的细节都会对其审美能力产生影响。合格的家长应重视对孩子的审美能力的培养，不放过生活中任何一个可以提升孩子审美能力的细节。家长们要不断创造机会，让孩子们能多欣赏一些优美的音乐、精致的艺术品，并尽可能地让孩子们多阅读一些名著，让他们从中感受到振奋人心的伟大力量。孩子们的眼界将在这样的过程中得到拓展，其审美能力也将得到巨大的提升。人们一生的成败都系于自己人格的优劣，而人格的形成很大程度上取决于童年时代所受的教导。

每个人在诞生之初，体内都被上帝埋入了一颗审美的种子。要让这颗种子生根发芽，让自己真正拥有对美的感知力与鉴赏力，就必须不断接受审美能力的培养。两个婴儿若具备同样的审美天分，但出身却截然不同，一个生在大富之家，一个生在贫民窟，他们接受的审美教育将会有着天渊之别。过不了多久，这种巨大的差距就会在他们身上凸显出来。

世间缺乏的不是美，而是发现美的眼睛。迄今为止，绝大部分人的审美能力仍嫌不足。人们若没有接受过专业的审美训练，那么就算生活中到处都有美，人们也发现不了。事实上，所有人的审美能力都未曾得到充分的释放。

受过专业训练的人能很容易地感知到各种各样的美。他们能因此收获一笔巨大的精神财富，享受到旁人无法享受的幸福与满足。当然，要想做到这一点并不难，只要我们从现在开始用心培养自己的审美能力即可。

## >>> 加强个人的魅力和独特性格

每个人都有自己独特的个性,这是人们彼此间巨大差异的来源。这种独特的个性造就了林肯,他凭借鲜明的个性而受到民众的广泛喜爱。美国国会议员亨利·克雷也凭借其极具感染力的个性成功地点燃了选民们的激情,使他们成为他的追随者,而美国政治家约翰·卡尔洪尽管在能力上比克雷要出色得多,但却欠缺了这份感染力。像林肯和克雷这样能成功唤起民众高昂热情的个人魅力,是伟大如韦伯斯特和塞缪尔的人都不具备的。

有位历史学家说过:"一个成功的演讲家首先必须要有气质,然后还要有很强的个人魅力。"个人魅力从一定程度来讲也只是个人气质的外在表现。我们身边的同学及朋友中,哪些将来会成为富有个人魅力的人,完全可以凭借其气质来判断。然而我们很少把这种个人气质所带来的个人魅力也算做一个人成功的资本，往往只根据他的能力大小来推断他的前途。对于我们来说，受教育程度、聪明程度同个人的魅力都很重要，三者平分秋色。这种个人魅力与我们的生活联系紧密，甚至可以决定我们的输赢。生活中总能看到一些能力一般却大获成功的人，他们的成功正是源于他们卓越的个人魅力及优雅得体的举止。而那些缺乏个人魅力、毫无感染力的人，即使再聪明、学识再渊博也无法迅速取得事业上的突破。

演讲家们所具备的个人魅力往往是千差万别的。优秀的演讲家，他的演讲是带有丰富的个人情感的，而不只是照本宣科地大念演讲稿。只有富有个人情感的演讲才能真正打动观众，没有融入情感的演讲是空洞而毫无感染力的，人们在听这样的演讲时必定会左耳进右耳出。有魅力的演讲家都懂得以情动人，他们的演讲总是活力四射，具有压倒一切的气势，令所有的观众心服口服、钦佩不已。他们身上有一种仿佛与生俱来的感染力，正是这种强烈的个人魅力令他们的演讲具有非凡的影响力。

个人魅力拥有独特的感染力，能极大地影响并改变周遭事物。它能使最冷酷无情的人也为之动心，甚至能改变民族乃至国家的未来。

这种极具个人魅力的人可以令他身边所有人的心胸变得开阔起来，这股神奇的力量可以不知不觉地感染我们、影响我们，使我们得以开发出体内深藏不露的潜力。他们指引着人们找寻生命的活力，为我们拓宽了生活的天地。他们能够使周围的人放下心中积压已久的重负，达到一种完全放松的状态。

我们都期待着同富有魅力的人重逢，因为同他们交谈是一种极大的享受。我们会在与有魅力的人交谈的过程中变得前所未有的伶牙俐齿、能言善辩，这种超越过往的出色表现，正是由于他们挖掘出了我们身上蕴藏的潜力。他们能令人心中充满希望，并极具灵感，能够激发出人们勇于探索未知领域的决心，使人们变得斗志昂扬，进而因为羡慕他们超强的自信及个人魅力而努力向他们学习、靠拢。

具有个人魅力的人，能够瞬间点亮你心中的希望，为你的生活注入温暖和煦的阳光。使你不再生活在寒冷阴暗之中，不再总是一副委靡不振、悲观失落的样子。你的潜力将在此时得到快速而全面的释放。我们的生活因此而重见光明，充满欢乐、美好及希望，原本的悲哀及绝望将不复存在。他们帮助我们扫清生活中一切的悲伤及愁苦，使我们得以看到生活美好的一面，找到自己真正的、崇高的人生理想。

具有个人魅力的人，具有神奇的能力，仅仅几秒钟的相处就能令我们受益匪浅，获得成倍增长的力量。我们极力想留住这些赐予我们力量的天使，害怕他们将我们体内的力量也一同带走。我们极不情愿结束这种令人愉快的相处时光。

然而，我们也会在生活中遇到一些永远不想再见到的人。我们的活力会在遇到这种人时消失得一干二净，只剩下寒冷刺骨的感觉。靠近他们身边，会让人产生一种在炎炎夏日突然遭遇凛冽北风的感觉，令人浑身战栗，恐惧不已。我们甚至会感觉到一种彻底的无力感，全身的力量都被抽空，像是突然被接通了可以令人委靡不振的电流。你绝不要妄想能从他们脸上得到一个微笑的回应。他们的存在抑制了我们的激情与灵感，他们带给人一种乌云般低沉、绝望的感觉，使我们原本明朗的天空变得暗淡无光。与这种人在一起，我们将始终处于茫然失措、烦躁不安的状态，做任何事都休想一帆风顺、愉快地完成。这种人只会阻碍我们的成功之路，使我们丧失追求进步的欲望，而绝不会做出支持及鼓励我们的举动。这是我们的经验所得，凭直觉即可作出判断。我们的梦想、情感及个人魅力都会在同这种人接触的过程中消失得无影无踪。我们的生活也会因为他们的到来而丧失一切色彩，变得灰暗。他们拥有和富有魅力之人同样大的影响力，但只会给人造成负面影响。我们要想成功，就必须远离这种人，避免和他们接触。

这两类人最大的不同点就在于前者会对自己的同类关心、爱护有加，而后者却只会对同类加以排斥，这一点我们在仔细观察对比过两种人后不难发现。大部分有魅力的人是生来就极具个人魅力的，甚至拥有令人一见倾心的能力。但在现实生活中也有些人的魅力是后天养成的，这些人都是人民的公仆，他们无私地为社会作出贡献。这样的人会备受人们的爱戴及信任，哪怕他是一个仪表及举止都不够优雅的粗人。他们能全面掌握大局，并对周围的人起到勉励的作用。其实我们每个人都可以通过努力变成这种极具人格魅力的人，成为以上两种人中的一种。

个性虽然是一种没有实体的存在，但通过上文的论述我们得知了它拥有巨大而神奇的力量，这种力量极大地促进了我们的成功。这种独特的个人魅力是与外貌毫无关系的，这在很多女士身上都能发现。而那些长得漂亮的女士却往往只是些平庸之辈。例如，法国就有许多相貌平平但气质高贵出众的女士，她们常常举办沙龙，那高雅的气质甚至能令盛装的国王显得黯然失色。

那些拥有极大魅力的女士就像是社交活动中的磁铁一般，她们总能在谈话的气氛趋于冷淡、难以为继的时候站出来，打破这种僵局，使气氛重新活跃起来。在这种社交场合，可能有人比她们更美，但绝没有人比她们更有魅力。人们都会被她们的魅力所吸引，渴望能有幸与她们交谈，认为这是自己莫大的荣耀。这些人虽然清楚自身所拥有的能力，并能很好地加以利用，但他们并不清楚自身能力的来源。不过就像诗歌、音乐、绘画的能力不仅需要后天的努力，更重要的是要靠天分一样，这种能力太过珍贵，使得人们往往会将它的来源忽略不计。

这种如同磁铁般的魅力，它对外界的吸引力主要来自其优雅大方的仪态及举止。此外，言行举止得体，也是这一吸引力的一个极为重要的来源。他们懂得审时度势，在各种场合都能说出适当的话、做出适当的举动。而见识广泛及敏锐的判断力也是一个拥有过人魅力的人所必备的。我们的成功在很大程度上取决于我们所具备的个人魅力的大小。当我们对他人作出那些有损其尊严的不当评价时，我们的个人魅力也会因此受损。

我们最有价值的一种投入，便是学习与人愉快相处之道，这也是一门艺术。我们最应该具备的能力就是个性宽容随和、言行谦和有礼。相对于一切以金钱作为资本的投入来说，这种投入的回报是更巨大的。这种优秀的品质会使我们受到普遍的欢迎，凡事顺顺利利，它是一把能打开成功之门的金钥匙。

热心、亲切、随和的性格对事业处于起步阶段的人来说是最好的助手，它能帮助人走向成功。很多成功创业之人认为，要想取得事业上的成功，最重要的是具备无论何时都乐于帮助他人的优秀品质。林肯就是一个这样的人，他无论何时都能和他人融洽相处，乐于助人。亨恩顿是林肯在律师事务所的合伙人，他曾这样评价林肯："如果有人去他的公寓住的话，他肯定是宁愿自己打地铺，也要将床让给客人睡的。他是人们遇到困难后寻求帮助的第一人选，这一点是毋庸置疑的。"林肯之所以会广受民众的爱戴，是与他乐于助人的优秀品质密不可分的。

为他人带去欢乐的能力是金钱所不能换来的，非凡的魅力和温柔的性格是无价之宝。这样的人在任何地方都将是大受欢迎的，而不仅仅只是在商场上。政治家取得的成就大多都离不开这种品质。这种品质使得律师有更多的客户，医生有更多的病人，公务员也更加得到群众的喜爱。这种品质对政治家来说尤其重要，他们应时刻注意培养自身的优雅举止，不分地域不分官职都应如此，因为这样做会使其个人魅力不断地增长。这种迷人的魅力会为其带来成就事业所需的群众基础，得到人们的拥戴。拥有这种优秀品质的人往往是备受瞩目的核心人物，他们更容易身居高位。

经营者个人魅力的大小会直接影响其事业的发展成果。例如有些商人的公司门庭若市，有些却是门可罗雀，直至以倒闭告终。医生这个行业也是如此，有一些医生，人们纷纷慕名而来，而有些却无人问津。真正具有魅力的人，会像磁铁一样将人们的注意力全都吸引过来，使所有人都聚拢在他周围。

这种人在做生意时无需费力便能有源源不断的客流，他们是上帝的宠儿，就像磁铁一样具有吸引力。他们身上所具备的优秀品质使得他们极具魅力及感染力，我们观察后不难发现，这正是他们获得一切的原因。而有些人却只能望尘莫及，即使再努力也没用。

很多取得不错成绩的商人将自己的成功归功于迷人的气质及优雅的举止。虽然他们自身的才华也是成功的主要因素，但他们的才能得以施展的前提是具备这些优秀的品质。这种优秀品质的重要性，甚至超过专业的技能培训、聪明能干、深思熟虑三者的总和。粗鲁的言行会使客户、病人、顾客不再光顾你，这是不管你多么聪明能干、富有才华都无法改变的结果。

成功之门是不会向那些总与他人处于对立面的人敞开的，这种人会渐渐将自己推向不利的境地，最终甚至会失去立足之地。

要想取得事业上良好的发展，增大成功的筹码，必须树立良好的声誉。我们应时刻遏制不良习惯及自私自利的想法，做到待人亲切随和、温文尔雅，努力培养优良的品德，向成熟稳重的形象看齐。成功总是更青睐那些性格好并且富有魅力的人。

每个人都难免会在人生道路上遇到挫折、磨难，一场大火或一次洪灾，便能将很多人的希望彻底断绝，所以我们切不可轻视它们。很多人正是凭借了良好的声誉，才得以在遭受天灾人祸的毁灭性打击后仍能够坚强地站起来，并且重新走上成功之路的。他们知道如何与人愉快相处，时刻注意培养自己的这种优秀品质。他们懂得建立自己的个人魅力，对周围的人形成如磁铁般牢固的吸引力，为自己赢得更多的友谊。他们无论何时何地都是最受欢迎的人物，取得成功也是志在必得，因为这种优良品质会使他们在工作中受到客户、顾客、病人一致的欢迎及喜爱。

待人亲切随和的人也会有良好的声誉，我们要想树立良好的个人形象，这种品质是不可或缺的。人们会对拥有这种品质的人称赞有加，并且有助于成功的品质也能被这一优秀品质所带动起来。生来就具备非凡的品质，这对大多数人来说是可望而不可即的，但我们可以通过后天的努力养成这种优良品质。这种品质是构成人的个人魅力的一个很重要的因素。

只有始终拥有好心情的人才会令人觉得有趣、吸引人，也只有这样，才能带给周围的人快乐。心胸宽广是保持好心情的前提条件。人们绝不会喜欢那些吝啬、心胸狭窄的人，见到这种人，人们会就远远地避开。也没有人会喜欢那些虚情假意之人。我们应真诚地对待身边的人，保证我们的每一句话、每一个笑容、每一份诚意都是内心的真情流露。这样的人，就算是再铁石心肠的人也无法拒绝，他们就像是温暖的阳光，让人感到舒适。人们都乐于亲近那些待人亲切随和的人，对他们敬爱有加，并愿意为他们提供帮助。

在现实生活中，我还没见过哪个慷慨无私之人是不受欢迎的，他们很有魅力。而对于那些自私、利己的人，人们本能地瞧不起他们。

## >>> 改正缺点，完善自我

波士顿人最看重才智，对新认识的人，他们最感兴趣的就是对方的学识如何。而在费城，社会地位则是大家关注的焦点。纽约人金钱至上，最受关注的自然是个人财富。然而，要对一个人作出最全面的评价，仅关注其才智、地位或财产中的任何一个方面都是片面的。必须综合方方面面的因素，才能得出最真实的结论。闪亮的宝石即使蒙上了灰尘也依然改变不了其华丽的本质，可是却会掩盖其光辉。赫拉思说："将金子永远埋在泥土中，它还有什么价值？"

人们施加在别人身上最残忍的刑罚莫过于在别人的伤口上不断地撒盐，不停地提醒他们所犯下的过错，而心理正常的人绝不会做出这样的事来。

当你面对一个因为生得不美而时常遭人嘲笑的女孩时，就应当帮她树立这样的观念，其实她根本就不丑，只是别人不懂得欣赏而已。你需要不断地加强这个观念在她脑海中的分量，直至她对此坚信不疑，彻底摆脱因为相貌而产生的巨大阴影。外表美是肤浅的，心灵美才是永恒的。人们最重要的是要拥有美好的心灵，完全没必要为容貌欠佳而深感沮丧。

母亲是最了解子女的人，子女身上的任何优缺点都瞒不过她们的眼睛。然而，令人遗憾的是，很多母亲却总是喜欢在子女身上挑刺儿，让子女自信尽失。这些母亲当然没有恶意，她们挑出子女的缺陷，目的就是希望子女能够努力克服这些缺陷，不断进步，只可惜事与愿违。

所有母亲都应意识到这一点：要让子女彻底克服身上的缺陷，绝非母亲三言两语的批评就能生效。正确的做法是，经常给孩子们赞美，让他们在赞美声中树立自信，勇敢前行。否则，便会白白浪费了孩子们的天分。我认为，教育的目的就在于保持那些对孩子们的成长大有裨益的思想。这种思想将促使孩子们不断改正自己身上的缺陷，在庸庸碌碌的人群之中脱颖而出。

所有想要改正缺点，完善自我的人，都可以借助这个方法。那些无时无刻不在想着自己的各种不足之处的人，很难维持坚定的自信心。由于自信的缺失，其缺陷会一天天严重下去，身陷消沉的情绪难以自控，给自己的成功之路造成巨大的阻碍。

要想发掘自己的优势，便要努力将世界视为美好的天堂。如此一来，人们便可以对未来展开最美好的憧憬。每个人都应将自己以及其他所有人都看做完美的个体，人人在上帝面前都是平等的，都是自信满满、意志坚定的优秀人才。

鼓励的话语能带给人力量，所以我们应该善于以名言警句激励自己。有一次，迈克尔·安吉罗先生去看望一位朋友，即画家莱菲尔。但莱菲尔恰好外出，安吉罗先生为了表达自己对他的敬意，在他的画布上写下"了不起"三个字，莱菲尔回家看到后又激动又欢喜。他深受鼓励，时刻努力着向这一目标看齐，终于成为一名很有成就的画家。这句话其实对我们每个人都适用，在拼搏的过程中我们应时刻以此勉励自己。

一个好的牧师可以将无数人从堕落的深渊中拯救出来，因为他坚信每个人都拥有一名守护天使。无论这个人身上有多少缺陷，总归存在着闪闪发光的优点，会帮助他在绝境中重塑希望。没有人会费尽心思帮助那些叫人彻底绝望的人，但只要有一线希望尚存，人们便会拼尽全力拯救他的灵魂。

菲利普斯·布鲁克曾成功拯救过无数堕落的灵魂。他成功的诀窍就是,不管这些人的形象多么糟糕,他总能找出其优秀的一面。正是这优秀的一面,令这些人意识到上帝并没有遗弃自己,从而重拾信心与勇气,努力过回正常人的生活。

有一位性情十分随和的女士,她与所有人都相处融洽,甚至包括那些怪脾气的人,这一点让人很好奇。她是这样解答人们的疑问的:"不要总是盯着别人的缺点,而要努力发现这些人的优点,这样做你会发现,与人相处是一件很容易的事情。"正所谓"君子和而不同",我们不能让挑剔、审慎的目光蒙蔽了他人身上的闪光之处。

约翰曾是奥尔良一名为非作歹的恶霸,还曾被判处重刑。然而,就是这样一个人,却在本市爆发的一场瘟疫中展示了自己人格之中最伟大的闪光点。

疫病爆发后,约翰主动提出申请,要加入医护人员的队伍。起初,他这个要求遭到了医生的拒绝。约翰并不气馁,他坚持道:"无论如何,我都要参加。请您给我一周的试用期,如果这段时间我的表现不能满足您的要求,您尽管辞退我!"医生最终经不住他的死缠烂打,答应了他的请求。

约翰的表现出乎所有人的预料。在加入医护队伍几个星期后,他就迅速成长为一名尽职尽责的医护人员。他就像守护天使一样，时时刻刻冲在疫区的第一线，衣不解带地照顾病患者。功夫不负有心人，表现优秀的约翰终于赢得了所有患者与同事的尊敬。

不仅如此，约翰还将自己的所得全都捐献给了医护组织，以救助更多的病患。不久之后，约翰也染上了疫病，并很快去世。他的墓碑上连名字都没有刻，人们对于他的过去所知甚少，唯一能证明他身份的便是胸口的一块烙印，那是重刑犯的醒目标志。这个将自己的生命无私地奉献给病患的医护人员，竟然曾是一名犯下重罪的囚犯！

我们不仅要全面地看待别人，还要客观地评价自己。不是所有人都有客观评价自己的能力，但这种能力却是成功者必须具备的。只有这样，我们才能清楚知道自己已经积攒了多少成功资本，以这些资本做基础，我们可以制定怎样的目标。明确了这些以后，未来对我们便不再是一片未知，我们在为之奋斗的路上会更加自信满满。我们最终将成为自己命运的主宰者，而非畏首畏尾躲在成功者身后的懦夫。

# 第二章

**不要在本该奋斗的时候,选择了安逸**

一个安于现状的人会变得越来越懒惰。一个人如果没有锐意进取、不怕困难的精神，是很难取得成功的。没有人能够随随便便成功，每个伟大的人之所以能够变得伟大，是因为他们经过了无数的蜕变，忍受过磨砺，经历过痛苦。所以，如果你埋怨自己的平凡，倒不如逼自己一把，好好奋斗一番，一定会有一个好的结果。

## >>> 机会无处不在，只看你肯不肯把握

罗维尔说："天大地大，总有一份真正适合你的工作在等着你。"

奥斯丁·菲尔普斯说："成功者必须要具备这三项素质：一是无时无刻不在寻觅成功的机会；二是成功的机会一旦来临，便要当机立断，将其牢牢抓在手中；三是要充分利用这难得的机会，千方百计展开对成功的追求。"

波利说："对所有人而言，机会每天都会产生。对于其中某个人而言，这便是通往成功最为关键的一次机会，一旦错失，永不再来。我们要将每一个看似寻常的机会都牢牢抓在手中，想方设法利用其获得成功，而非一门心思等待那些极为难得的机遇出现方采取行动。"

强者会去主动创造成功的机会，而弱者只懂得被动等待机会的降临。夏缤说："优秀的人会寻找机会，抓紧机会，利用

机会，成为机会的主人。他们断然不会苦苦等候机会，让自己沦为机会的仆人。"

机会无处不在，只要你肯马上采取行动，将它们紧紧抓在手中，并进行充分利用，即可取得相应的成就。相对于它们，那些非比寻常的机会降临到你身上的可能性甚至不足百万分之一。

乔治·艾格尔斯顿是一名纪实小说家，他曾在一篇小说中描绘过下面的情节。

有一天，希格诺·法列罗邀请了很多客人来自己家里参加一场大规模的宴会。眼看宴会就要开始的时候，制作点心的工作人员忽然派人过来对管家说，他摆在桌上的那个巨大的点心装饰坏掉了。管家一听，急得不知所措。

就在这时，有个在厨房打杂的孩子来到管家身边，小心翼翼地提议道："不知道您可不可以让我试一下，也许我能做出一件替代品。""你是谁？"管家不可置信地高声嚷起来，"就凭你也敢夸下这种海口？"孩子吓得面色发白，答道："我是雕塑家匹萨诺的孙儿，我叫安东尼奥·卡诺瓦。"

听了这话，管家开始有点动摇了，又问他："你真的行吗，孩子？"孩子紧张的情绪渐渐缓和下来，答道："只要您给我一次尝试的机会,我想我一定可以做出这样一件替代品,放到餐桌上做装饰。"管家看看四周无所适从的仆人们,终于答应了安东尼奥的请求。不过,管家到底还是不放心,寸步不离地守在安东尼奥身边,想看看他究竟要怎样制作出这个替代品。

安东尼奥镇定地命人帮自己取来大量黄油,随即用这些黄油塑成了一头蹲坐的狮子。管家望着这头栩栩如生的狮子,几乎无法相信自己的眼睛。宴会就快要开始了,他赶紧吩咐仆人将这头狮子摆到桌上。

宴会之中,群贤毕至。其中不乏水平高超的艺术评论家,杰出的企业家,身份高贵的贵族,甚至连王子殿下也亲自赶来参加这场晚宴。来到餐厅以后,所有客人的注意力都被餐桌上的黄油狮子吸引了,异口同声地认定这必定出自一名天才之手。他们甚至忘却了自己来这里是为了参加晚宴,全都驻足在狮子面前流连忘返,将盛大的晚宴变成了黄油狮子鉴赏宴。

这些客人一面欣赏着狮子,一面追问希格诺·法列罗这到底是那位大师的作品。难得大师居然愿意在这种不久便要融掉的装饰上花费如此心血,简直就是对自己天才本领的莫大浪费。法列罗对此也是一无所知,只好叫来管家询问具体情况。很快，这件艺术品的作者小安东尼奥便在所有客人面前现身了。

这个真相令所有高贵的客人都为之震撼，这个孩子匆忙之间一蹴而就做成的黄油狮子，其水准竟然堪比雕塑大师！客人们在惊讶之余，纷纷对安东尼奥表示赞美。宴会的主人希格诺·法列罗立刻表示，为了将这个孩子培养成才，他愿意出钱请最优秀的老师来教导他。

希格诺·法列罗说到做到。难得的是，幼小的安东尼奥并没有在众人的赞美声中迷失方向，他始终保持着质朴善良的本性，以百分百的热忱投入到雕塑学习中，为成为一名出色的雕塑家不断努力奋斗。安东尼奥在众人面前首度崭露头角，将自己在雕塑方面的天分发挥出来，这件事并不为很多人所知，可是后来雕塑大师卡诺瓦的大名却无人不知，无人不晓。安东尼奥最终抓住这次良机，在世界雕塑史上名垂千古。

帝恩·埃尔福特曾说："人的一生之中，某些关键时刻的影响力，甚至超过了其生命中的几年时间。对于这一点，任何人都无能为力。时间是世间最强大的东西，短短的5分钟时间，就有可能产生影响人们一生成败的重大事件。而这一切的发生，往往事先并没有任何征兆。当所有人都没意识到这就是他们一生成败的关键时刻时,这个时刻便已匆匆过去了。"

阿诺德说:"在人的一生之中,所有重要转折都发生在由量变引起质变的刹那。而要不断累积这些量变,最终达到质变的程度,就不能放过生活中任何一个看似平凡的机会。"

将所有精力都用于寻觅重大的机会,希望可以借此一飞冲天,功成名就,是人们普遍存在的一种心理。很少有人能够明白爱默生口中"肤浅的美国主义"到底是什么意思。不劳而获是无数人的共同梦想,他们总是想一下子就变成令人仰望的伟人,而不愿脚踏实地从最底层开始做起;他们总想一下子就变得博学多才,而不愿静下心来勤勤恳恳地学习。

为什么那么多的年轻人整天游手好闲,无事可做?莫非人类社会已经停止了发展的脚步?莫非人类文明已上升到极限,再无进步的空间?莫非国家的资源已被开采殆尽,所剩无几?莫非社会上已经没有了空闲的职位,所有工作都有人在做了?莫非一切机会都已离你万里,再无成功的可能?莫非你被这个竞争异常残酷的社会吓怕了,因而只想逃避现实,马马虎虎地混日子?

弱者总是在大喊:"机会!我需要机会!"他们总是将机会的缺失作为自己失败的托辞。殊不知我们的生命中无时无刻不充满着各种各样的机会。人们在学校中所上的每一节课都等同于一个机会;每一场考试也都意味着一个机会;对医生而言,每一个病人也都代表着一个机会;所有客户,所有布道,所有交易,所有媒体报道,全都是一个又一个的机会。你可以充分利用每一次机会,展现自己的勇气与才能,磨炼自己的意志与信念,结交更多的良师益友。

当大多数人都在成功的机会面前胆怯退缩时,强者们当机立断将机会紧紧抓在手中,凭借着自己坚持不懈的奋斗,最后功成名就。我们可以在历史的长河中寻找到无数这样的事例,所有伟大的英雄人物总能在关键时刻抓住机会,做出一番常人连想都不敢想的丰功伟绩,让世人为之惊叹不已。

在现代社会中,年轻人们遇到的困难再大,都比不上拿破仑在穿越阿尔卑斯山时所遇到的艰难险阻。世间有且只有一个拿破仑,这个科西嘉人尽管身材矮小,却创造出令所有人仰望的伟大成就。

人类社会发展到今天的地步,任何人都没有资格再向上帝索求成功的机会,因为在人们的生活周围,到处都充斥着机会,只看你肯不肯去把握。在成功的机会面前,人人平等,上帝不会赐予任何人格外的恩宠。上帝的选民们曾因被红海拦截而无法继续前行,于是由他们的首领向上帝恳请帮助。上帝给他们的答复是:"我的帮助对你们而言根本没必要,你们只要勇敢前进就行了!"

在我们的生活中,工作机会多得数不胜数。你要相信,每个人都拥有获得成功的潜能,在这一点上,上帝对我们是很公平的。只要肯努力,所有人都能拥有诚实善良的品格,坚定不移的信念,以及积极向上的进取心。而且生活在这样一个时代,机遇可以说是无处不在,这些都将引领我们最终走向成功。人是一种很特别的生物,当在前进道路上遇到困难时,只要只言片语的启发或是一点微不足道的帮助,都可以使之重树信心,昂首挺胸继续前行。更何况古往今来有那么多成功人士在前面帮我们引路,我们如何还能放任自己饱食终日,无所事事呢?

一定要学会创造机会,而非守株待兔地等待机会的到来。牧羊为生的福格森用珠子来计算星辰的数目,乔治·史蒂芬孙用粉笔在煤车上写下数学定律;拿破仑在面对世人眼中的"不可能"状况时迎难而上……他们都是为争取成功创造机会的典型。

再好的机会对那些不懂得把握的人来说都一无是处,再不起眼的机会对那些懂得把握的人而言都意义非凡。所有人都应努力为自己创造成功的机会，就像那些伟人们所做的一样。只有这样，才能最终抵达成功的终点。

人生如河，奔流不息，生命的小船在其中行驶。
机会的缺失会让小船要么沉没，要么搁浅。
若想抵达胜利的彼岸，唯有牢牢把握机会，顺流而行。
机会一去不复返，把握住它，你便会看到胜利的曙光。
别因为内心的恐慌而胆怯，别因为惰性的招手而妥协。
光明的未来在前方向你招手，
一往无前地走下去，一直走到光明的尽头。

每个生活在这个世界上的人，都被上帝赐予了获取成功的机会。你所能做的，就是充分把握自己的机会，努力发挥自己的才能，昂首挺胸朝着成功进发。试想一下，连福来德·道格拉斯这种奴隶身份的人，都能够把握住生命中罕有的机会，通过坚持不懈地努力奋斗，成为著名的演讲家、政治家、文学家。与他相比，现代社会的年轻人拥有的机会简直多得数不胜数。假若还要抱怨机会不足，那便要从自身找原因了。

詹姆士·菲尔德曾讲述了这样一个故事："一天，霍桑和朗费罗，还有一名从塞勒姆来的朋友在一起吃晚餐。晚餐结束后，这位朋友说，'我一直在游说霍桑写一本小说，小说的内容是关于阿卡迪亚的传说。故事大意是，阿卡迪亚人在逃亡的过程中，有名姑娘与自己的爱人走散了。此后，这位姑娘便用尽一生的时间苦苦寻觅自己的爱人。最后在医院中找到自己的爱人时，她已是白发苍苍的老妪，而她的爱人也已经离世了。'朗费罗对这个故事非常感兴趣，对于霍桑不想据此写一本小说，他觉得非常费解，于是问霍桑说，'既然你没有要以此为题写小说的打算，那不如将这个素材借给我吧，我想以此为题创作一首诗！'"霍桑马上答应下来，承诺在朗费罗的诗问世前，他不会利用这个素材创作任何文学作品。朗费罗就是抓住了这个看似不起眼的机会，创作出了叙事长诗《伊凡吉琳》，该诗被后世广为流传，为朗费罗赢得了千秋盛名。

有句名言说："世间所有人都会受到幸运之神的光顾，然而，当幸运之神走入某人的大门，却发觉此人并未做好迎接自己的准备时，便会自窗户飞走，远离此人。"

画室中，一名年轻人看着眼前的众神雕像，不由得对其中之一产生了好奇心。那尊雕像的脚上赫然长了一对翅膀，面容却看不清楚,因为全被头发遮挡了。年轻人于是指着它问雕塑家说:"这是谁?"雕塑家说:"这是掌管机会的神灵,叫做机会之神。"年轻人疑惑地问:"他的面容为什么看不清楚呢?""当他靠近人们身旁时,很少有人能够看清楚他。""他的脚上怎么会长了一对翅膀?""既然人们看不到他,他再待下去也没有意义,于是就靠着这对翅膀飞走了。这样一来,人们就再也见不着它了。"

有位拉丁作家曾说:"机会女神的头发全都长在额前,而非脑后。要想牢牢抓住她,就一定要抓紧她额前的头发。否则,一旦被她逃脱,便再也不可能抓住她,就算是众神之神宙斯也不可以。如果一个人根本就没有利用机会的能力,甚至根本就没有利用机会的意愿,什么机会对他而言才能算是好机会呢?"

一名船长描述了自己的一段亲身经历:"'中美洲'号遇难当晚,我曾经与之擦身而过。当时天眼看就要完全黑下来了,海上刮着大风,卷起惊涛骇浪。我向那艘又破又旧的汽船发出信号,问他们是否需要帮助。那艘船上的恒顿船长对我大喊,'现在情况越来越危险了!'我于是冲他喊道,'那将乘客们全都转移到我这艘船上来吧!'恒顿船长却说,'现在我还能支持得住，等明天一早你再来帮忙吧！'我说，'到时候我会尽量过来！不过与其等到明天早上，不如你现在就让乘客们转移到我的船上来吧！'恒顿船长不愿采纳我的建议，仍然坚持说道："我一定可以支撑到明天早上，到那时你再来帮我吧！"我尝试着接近那艘船，可惜在漆黑的夜晚，风急浪高，根本没法做到。之后，过了一个半小时，'中美洲'号便沉没了，恒顿船长和船上所有的乘客全都葬身大海。"

当活下来的机会摆在恒顿船长面前时，他没有及时把握住。等到机会远去，死亡的威胁迫在眉睫时，他一定曾为自己的所作所为后悔不迭。然而，到了那样的时刻，再怎么后悔也已于事无补。整条船的乘客都因为他而丧失了最后一线生机。放眼我们周围，如恒顿船长这样的人，实在多得不胜枚举。他们总是错误地高估自己的能力，一旦遭受挫败，又脆弱得无力还击。只有当惨痛的教训摆在面前时，他们才终于幡然醒悟。只可惜，机会已一去不复返。

当良机到来时，这类人永远不能当机立断，抓住机遇，争取成功。约翰·固福曾说："这类人生长着三只手：左手，右手，以及迟手——无论做什么，都会比别人迟一步。"孩童时代，他们已习惯上学迟到，做作业时拖拖拉拉，所谓的"迟手"就是从这时候生长起来的。

当他们错失良机,惨遭失败时,便会后悔不迭。他们总是在筹谋着,若是时光能够倒流,生命能够重来,他们一定要将每个机会都牢牢抓在手中。假若他们从一开始就这样做,现在想必不会有这样的结局。回想过去,他们曾放任许多赚钱的良机从身边白白溜走,后来又出现了许多能对这些错失作出补偿的机会,可惜依旧被他们信手丢弃在一旁。等到今天,一切已成定局,再也无法挽回。最可怕的是,他们永远都发现不了近在眼前的机会,更加没有能力把握并利用这些机会,这种人将永远与成功相距万里。

反之,在观察力敏锐的人身边,机会却无处不在。只有那些乐于倾听的人,才能听到急需帮助的人们在急切呼救。(要想让自己的听力变得敏锐,可以通过反复聆听一些非常轻微的声响来实现。人类的其他感官也是如此,有目的地训练便能够提高其灵敏度。)只有那些仁厚之人,才会在工作生活中倾注更多的热情与人性。要想培养高尚的人格,创立崇高的事业,只需伸手抓紧眼前的机会,并为之付出百分百的热忱即可。

## >>> 要么不做，要么做好

作为餐车上的司闸员，乔·思托科一直广受人们的欢迎。无论是同事还是乘客都对他喜爱有加，原因就是他的性格非常乐观开朗。可惜，对于自己的工作，他却并不用心。

他一直都表现得很懒散，有时还会饮酒。当有人因此提出异议时，他便会笑着给出这样的回应："别为我担心啦！我的状态都不知道有多好！不过还是要谢谢你这么关心我！"他说话的口气如此云淡风轻，倒让对方觉得是自己判断错误了，也许这件事根本就没有自己想象中的那么严重。

一个寒夜，火车在行驶途中因为风暴晚点，乔非常不耐烦地抱怨起来。这种糟糕的天气可真是麻烦，他一面抱怨一面开始偷偷地喝酒。在酒精的作用下，他很快又恢复了好心情，与周围的人有说有笑。在此期间，司机以及所有列车员都在紧张地关注着天气和路面状况。

火车开到两个站点之间时,由于引擎的汽缸盖出了故障,只能停止了前进。另外一辆火车在几分钟后就会沿着同一条铁轨驶过来了,到时将会造成一场严重的事故。在这千钧一发的危急关头,列车员匆匆忙忙地来到乔所在的后车厢,吩咐他赶紧亮起红灯,给后面马上就要到来的火车发出后退的信号。醉醺醺的乔丝毫不以为意,还笑着说:"别急,让我先穿上外套。"

"不能不急了!"列车员的语气异常严肃,"后面的火车马上就要过来了!"

"好,我知道啦!"乔笑着答应下来。

列车员随即又飞快地赶回司机那边。然而,在列车员走后,乔并没有马上履行自己的诺言。他慢慢地穿上了外套,因为觉得冷,又喝了口酒。到这时,他才终于提着用来传达信号的灯笼下了火车。

他在铁轨上缓步而行,还轻松地吹起了口哨。未等他迈出十步,就远远听到火车疾驰而来的巨大响声。这一刻,乔再想做出什么挽回,也已经来不及了。后面那辆火车猛地撞击在餐车上,整个餐车都被撞得面目全非,只听到蒸汽嗞嗞的响声和乘客们的惨叫声,场面无比惨烈。

混乱中，乔消失得无影无踪。等到翌日人们在一座谷仓中找到他时，他已经疯了。那只用来传达信号的灯笼还在他手中，他挥舞着已经熄灭的灯笼不住朝一列不存在的火车呼喊："喂，你们看到我的信号没有？"

人们将乔送回了家。之后，乔进了疯人院。他终日在疯人院中一遍遍惨叫着："喂，你们看到我的信号没有？喂，你们看到我的信号没有？"许多乘客的性命就葬送在了他懒散的恶习下，而他自己也遭到了报应，余生都将生活在疯癫与悔恨中。

多少人都在心中呼喊着与乔类似的话语，只要能获取一个挽回过错的机会，就算要搭上自己的性命，他们也心甘情愿。不过，有些受到挫折的人，还是会作出马马虎虎、得过且过的反应，"做一天和尚撞一天钟"随即成为了他们的人生信条。

要想让人生充满乐趣和希望，就一定要保持高昂的斗志。只有这样，才能令你在追求成功的道路上全力以赴。一个缺乏斗志、精神不振的人，即使才能过人，也难以避免走向失败的结局。失败并不可怕，可怕的是对失败的屈从。人们应该不断追求进步和成功，否则，便丧失了一切生机与希望。假如一个人现在的收入水平仅能维持日常生计，那么要改善这一现状，他就必须振作精神,斗志昂扬地投入到自己的工作中。

一个人若将自己的体力和精力全都浪费在马马虎虎的工作过程中,那么他将注定一事无成。也就是说,对人生马马虎虎、得过且过的人,根本无法找到自己在社会中的定位。在他们看来,任何一份工作都有人在做,并且做得比自己好得多。他们对社会作不出半点贡献,没有了他们的存在,社会照样正常运转。带着这样的想法投入工作,可想而知他们的成果如何,别人对他们的评价又是怎样的。如果画家在画画时三心二意、得过且过,又怎么可能创作出传世名画?与之形成鲜明对比的是那些既独立又勤奋的人,只有他们才能得到社会的肯定。古往今来,所有伟大的作品全都是作者全神贯注、精益求精的成果。

勤奋的人从来不会浪费时间怨天尤人,他们无时无刻不在勤勤恳恳、踏踏实实地工作。只有那些懒散懈怠、敷衍塞责的人才会一直怨天尤人,抱怨命运不肯赐予自己成功的机会。殊不知再好的机会对这种人而言都等同虚设,他们的惰性只会让自己白白错失良机,最终一无所获。相较于他们,那些真正的有心人却能从一切看似不起眼的细节中找到机会。这类人就如同勤劳的小蜜蜂,不放过每朵能采蜜的花,穷尽一生的时间都在寻觅各种各样的机会。每天遇到的每一个人，每一段小小的生活经历，对他们来说都意味着一次机会。他们会把握住这些机会，不断增加自己的知识储备，提升自己的才能。

快乐会自动远离那些做事敷衍之人，因为他们做的所有事都漏洞百出，不仅辜负了他人的期望，更令自己自惭形秽。只有做任何事都力求完美无瑕，才能减少我们生命中的种种缺憾，才能令我们感到成功与满足，充实与愉悦。

做任何事都力求完美的人，会拥有昂扬向上的斗志、海纳百川的胸襟，以及纯洁高尚的人格。好习惯对人们的帮助是其他任何事物都无法比拟的。

若将人生比做盖房子，那么对完美的追求就相当于奠基。一座房子是否坚固，关键就在于奠基。要想得到稳固的人生基石，便不能持有敷衍的态度。敷衍这项工作，再敷衍那项工作，如此日积月累，迟早你也会变成被敷衍的一方。连基石都没打稳，如何建造坚不可摧的房屋？

凡事敷衍塞责，从来都与完美无缘的人，是注定的失败者。一个追求完美的人，在充实地度过自己的一天以后，晚上临睡前会拥有旁人难以想象的满足感与成就感。

要想为自己的人生奠定稳固的基础，那就从现在开始摒弃敷衍，努力养成追求完美的好习惯吧！你的才智会在这个过程中突飞猛进，你的身心会感受到前所未有的愉悦与满足。想要成功的年轻人们，当你们踏入社会，开始崭新的人生历程时，一定要谨记养成凡事追求完美的好习惯，它会对你们的成功大有帮助！

总之，凡事追求完美对年轻人而言尤其重要。人们应从小养成良好的习惯：要么不做，要么做好。因为，付出多少，回报多少。要得到最好的回报，便要竭尽所能作出最大的付出。斯特拉利瓦里是一位优秀的小提琴制造家。他制作一把小提琴通常都要耗时良久，这一点最初得不到人们的理解，反而让他因此沦为别人的笑柄。然而，如今再看他费尽心血制造的小提琴，无一不是价值连城的珍品。

做事不追求完美的人，通常难以获得成功。因为，这样的人很难集中所有精力去做好一件事，最大限度地将自己的潜能发挥出来。要想赢得成功，得到别人的认同，凡事追求尽善尽美很重要。

如何成为一个伟大的人？其中一个途径就是竭尽所能地追求完美，忘我地投入到创造完美的过程之中。生活的热情，来自对完美的追逐。我们要客观全面地分析自己和他人，取其精华，去其糟粕，只有这样才有可能成就伟大的人生。

任何人都有能力把握自己的命运，只要肯努力养成良好的习惯，就能看到成功的曙光。不要在乎他人的看法，坚定自己的信念，一旦开始，就要竭尽所能做到最好。

查尔斯·金思立说过："只有倾尽所有，投身于一生的使命之中，才能拥有最崇高的人生目标，锻造出最勇敢坚韧的品格以及最强大无敌的自制力，最终圆满完成自己的使命。"

科尔顿说："人的一生若是仅余一项追求，那便是人类最崇高的追求——对美德的追求。"爱默生也说："美德的力量到底有多大，完全不可估量，但其价值一定在人类所有的追求中占据着最重要的位置。"

无论做什么事情，都应追求完美，切忌敷衍塞责，否则只会遭人鄙弃。在这个社会中，只有那些勤奋踏实、工作细心的人方能在竞争中占据有利地位。凡事只懂得敷衍的人在社会中会处处碰壁，当他们走投无路时，没有人会对他们伸出援手，因为连他们自己都不帮助自己，如何能奢望别人的帮助？即便别人肯帮，也不过是徒劳无益。

有一个大型机构的建筑上写着这样一句话："这里是一个要求完美的地方。"其实，我们每个人都应以此标准要求自己，凡事力求完美，做到这一点会使我们的生活取得显著的进步。

因松懈懒散、玩忽职守而导致的重大事故在历史上不计其数。发生在宾夕法尼亚州奥斯汀镇的海水决堤事故就是一个典型的例子。这一事故造成无数的伤亡及财产损失，究其原因，正是因为施工方在打地基的时候马虎敷衍，不按原计划施工。这种悲剧在我们广袤的土地上发生过多次，并且还将继续下去。我们只有将一切工作都做到尽善尽美，才能避免再发生类似的悲剧。这种处世态度不仅仅可以避免悲剧的发生，也能使我们的品格得到升华。它促使我们在做事时坚持不懈、勇往直前，尽全力追求完美，做到有始有终。

在追求成功的道路上，一往无前、力求完美的决心是不可或缺的。那些时代的先驱者、我们生活的楷模都是这样的人。这些人都胸怀大志，做事力求完美，他们在自己取得成功的同时，也造福人类，为社会作出了贡献。

很多年轻人对待工作缺乏追求完美的决心，他们做事时马虎大意、随随便便，最终导致了自己的失败。所以有人说，松懈和轻率往往会造成最大的损失。

位于华盛顿的国家工商管理局有很多无人问津的专利，并且每天都在增加。这正是由于发明家做事太马虎，发明出的东西没有实用价值导致的。这种发明既浪费了他们宝贵的时间，也浪费了他们的天赋，真的非常可惜。凡事应尽力做到完美，不能故步自封，满足于勉强通过的程度。如果这些发明家能抱着力求完美的心态，更加努力地去钻研的话，就不会出现这种白费力气的事情了。

很多一心渴望升迁的人却不明白获得升迁的诀窍。只有那些对待工作认真负责、尽力追求完美的人才有可能得到领导的赏识，从而获得升迁。

陶瓷工匠伟奇·伍德非常热爱自己的工作，他不能容忍自己的作品有一点瑕疵。如果对一件作品不满意，他便会将其打碎，重新再做一件。即使顾客已经很满意了，他仍然会从作品中找出不足之处，随即改正。这种在艺术上精益求精、追求完美的精神，最终使得伟奇·伍德的陶瓷作品成为传世精品。

只有对自己的工作认真负责，在工作的细节中努力追求完美，才能得到升职加薪的机会。要想将一件事做成功，一定要有必胜的信念和对完美细节的追求。所有成功人士无不如此，正是这种信念与追求令他们一直走在时代的前端，引领时代潮流，将自身树立成为所有人的成功典范。他们在确定了自己的人生目标之后，便终生奋斗在追求完美的道路上，不达目的誓不罢休。最终，他们取得了伟大的成就，并造福于整个人类社会。对完美不屈不挠的追求，最终将缔造完美的生活。在这样的生活中，到处充满灿烂的阳光。

很多人习惯于高估自己，因为觉得平凡的工作岗位无法发挥自己的才能，所以宁可不做，殊不知许多难得的机遇就隐藏在这些平凡的工作岗位之中。无论你的工作职位多么卑微，只要努力将自己的潜能发挥出来，将本职工作做到完美的极限，终有一日，你会取得傲人的成就。

一个惯于敷衍塞责的人，永远都无法成就自己的事业。而且，这种潦草的工作态度在成为习惯以后，会使一个人沦落为所有人鄙弃的对象，使他陷入自甘堕落的沼泽，再难脱身。很多人对自己的工作敷衍潦草，理由便是时间不足。然而，只要用心，任何人在做任何事之前都能够找到充分的准备时间，并在这样的前提下，将这件事做到完美。追求完美的习惯会给我们带来无尽的成就感与满足感。成功人士总是习惯追求完美，不管他们身处何种职位，都将竭尽所能，完美地完成任何一项工作。

我们在做完每件事后，都要持有这样的心态："在做这件事的过程中，我已毫无保留地倾注所有。可是为了让它更加完美，我希望听到他人批评的声音，给我不断改进的意见。"

## >>> 工作的态度决定一切

工作是我们实现人生理想的一个途径，工作态度可以局部地反映一个人的性格及能力。所以，以积极的态度对待工作，等同于以积极的态度面对人生。

我们只需根据一个人的工作态度，就可推断出他是否有成功的可能性。做事马虎、敷衍的人是难以取得非凡成就的。工作态度不端正会使我们对工作缺乏兴趣，并且会抑制我们工作能力的发挥与提高。

不尊重自己的工作的人，他也不会尊重自己，更不会尊重别人。对自己的工作不感兴趣的人，他们的工作质量常会很差，并且难以有所进展。他们是不可能全力投入工作中的，成功也就更不可能。很多工作不认真的人会托辞说自己的人生理想不是那份工作。这种观点是不可取的，因为我们工作的主要目的是积累工作经验、提升人格魅力，物质需求尚在其次。

那些总抱怨自己的工作的人是难以有所成就的。只有懦弱之人才爱抱怨，替自己找借口推脱责任。我们要想避免对工作产生焦虑之情，顺利地完成各项任务，就必须先确立正确的工作态度。在这个过程中，我们的品格也能得到提高。

自甘堕落、郁郁不得志者，往往都是自身原因造成的，他们对工作抱着不负责任的态度敷衍了事。这种恶劣的工作态度让人对他们的工作质量甚至人品均产生怀疑。

平凡的工作是那些自恃才能出众之人不屑于去做的，他们认为这种低微的工作岗位会影响个人能力的发挥。这是错误的观点，低微的工作岗位也一样蕴藏着发展的机遇。我们即使身处平凡的工作岗位，也一样可以取得非凡的成就。不可随意看轻任何工作。只要我们尽全力去工作，从事任何职业都一样。当你积极热情、奋发向上地去工作时，这份工作将会变得有趣。我们应该以积极的心态面对工作，发挥全部潜能，凡事力求完美，在每一件工作完成之时做到问心无愧，尽到自己最大的努力。

同时，为了进一步完善自己的工作，我们应积极听取他人的批评与建议。

很多人总爱把自己工作的粗糙归咎于时间仓促。其实只要养成好的习惯，我们每个人都会有充足的时间做好准备工作，从而将事情做完美。做事力求完美的好习惯会使人生变得无比充实。成功之人不会在意自己的工作岗位，对任何事都一视同仁，尽全力做到完美。

人们最需要弥补的缺陷之一便是不够细心。虽然你会觉得这个缺陷微不足道，但在实际工作中，有这种缺陷的人确实很难得到别人的信任。每次面临至关紧要的大事时，这种人往往会被首先排除在外。所有人都认定这种人做什么事都是粗心大意，错误不断，所以即便他做得再细心，别人也一定要再检查一遍才能放心。不够细心的人在找工作时一般比较困难。尤其是在会计行业，不够细心更成为莫大的忌讳。

在会计行业，小小的疏忽可能导致巨大的损失。《旧金山邮报》曾有过这样一则报道：一家书店的会计发现店里的账上出现了一笔900美元的亏空，但接连查了3个星期也没找出问题所在。后来，经理也出面帮忙，结果依旧一无所获。最后，他们找来了店员，3个人又把账目仔细核对了一遍。忽然之间，店员发现了问题，他指着账本说道："我明明记得记录是1000美元，怎么变成1900美元了？"原来，1000的百位数字"0"上粘了一条苍蝇腿，打眼一看，1000就变成了1900，搞出了这么一回事。

**小疏忽常常会有惊人的破坏力。**比如，商店店员由于疏忽将顾客的财物弄丢了，要给予顾客物质补偿还是其次，关键是对商店的信誉造成了不可弥补的恶劣影响。信誉对于商家的重要性尽人皆知，失去信誉给商家造成的损失实在不可估量。报纸上经常报道一些火车相撞，造成巨大人员伤亡的事故，其原因就是铁路工人的疏忽。而大多数交通事故，皆是因为司机或者乘客的疏忽导致。大部分残疾人并非天生残疾，完全是因为自己或者他人的疏忽造成了一生的缺憾。至于历史上由疏忽导致的惨剧更是不胜枚举。那些造成无数人员伤亡、财产损失的事故，起因大多只是源自一个不起眼的小疏忽。谁能想到一场森林大火的起因竟是一根没熄灭的烟蒂呢？因为疏忽，无数人宝贵的生命就这样失去了。其实，这样的小疏忽原本完全可以避免，但是它却偏偏发生了。正如那些对自己的小疏忽毫不在意的人，失败便是他们必然的结局。疏忽一旦产生，就要马上处理，万万不可放任其生长扩大，演变到不可收拾的地步。

人类最大的损失来自疏忽大意。工作大意，草草了事，导致了很多人的失败。升职加薪是无数人的梦想，但很少有人真正静下心来为实现这个梦想付出应有的努力。很多会计一辈子困在小公司里，靠着微薄的薪酬艰难度日，原因就是不够细心。一个做事不够细心、习惯敷衍了事的人，绝不会是一个值得人们信任的人。他们在工作时总是大错小错不断，试问他们如何能在大型企业中立足？

正所谓"细节决定成败"，阻挠人们迈向成功的，很多时候就是那些容易被人忽略的小细节。这些看似不起眼的小缺陷，却有着强大的危害力，不但会阻挠人们的事业发展，而且最终会将人们的生活毁之殆尽。

在工作过程中，不管多小的错误都应当引起我们的高度重视。若是错误频繁出现，便要及时停止前进的脚步。因为在这种情况下，在前方迎接我们的必然是失败的地狱，而非成功的天堂。千里之堤，溃于蚁穴。任何小小的错误都有可能对人生造成不可弥补的损失。

无论何时何地，厌恶自己的工作都是一件最糟糕的事情。我们在实际工作中不可能总是做自己喜欢的事情，有时免不了要做些无趣的事情，这时应尽量避免对其产生厌恶之情。对待那些我们不愿做但又必须做的事情，最明智的做法是努力使它变成有趣之事，这才是对待工作的正确态度。我们要想做任何事都能兴致勃勃、达成目的，就必须有这种工作态度。

成功的大门，只向那些做事全力以赴之人敞开。自主、积极的工作态度能抵消工作带来的疲惫感。这样的工作态度能使我们变得富有而充满威望,即使身处最普通的工作岗位亦是如此。

我们应避免沉闷的生活,培养开阔的思维能力;避免呆板的生活,培养自身的创造力;避免庸俗的生活,培养自己的欣赏能力。我们应志向远大,凡事都全力以赴、力求完美,不因工作的卑微而看轻自己,以正确的工作态度尽全力去工作。这种做法能极大地促进我们的成功。而那些工作态度不端正、践踏自己的工作的人,可以说是在践踏自己的人生。

有人请我给即将踏入社会的年轻人几句忠告。在众多忠告中,年轻人最应记住的是,永远别把挣钱当做工作的唯一目的。年轻人在刚开始工作时应目光长远,关注工作能为你带来的熟练的技巧、丰富的经验、完善的品格等,而不仅仅是关心薪酬的多少。

当我们毕业进入各自的工作岗位后,企业就成为我们学习的地方,而雇主也会人尽其用,为每个年轻人安排合适的工作岗位。

我们不可能一生都从事同一项职业,因为我们所处的社会拥有快节奏的生活方式。刚开始工作就没有远大的志向,只把薪酬作为奋斗的目标，是一种失策的行为，这种行为对我们非常不利。为了金钱利益而做出违背自己良心的事情，是一种浪费我们宝贵时间的行为，只会令我们更深地陷入失望的沼泽中。

判断一个人，只看他对待工作的态度即可。如果一个人能做到不因工作卑微、报酬少而马虎敷衍，仍然认真工作，那么他必定会做出一番骄人的成绩。很多人因为不满薪酬的微薄，而通过对工作敷衍的态度来报复雇主。

这是不明智的做法，因为我们从工作中不仅得到了金钱，也收获了宝贵的经验、专业上的良好锻炼、能力的展现，这些都是金钱换不来的。

管理人员都喜爱优秀的员工，他们只根据员工的业绩来决定是否提升，这一点毋庸置疑。因此那些对工作负责任、力求完美之人必定会得到提升。

生活中有一些从表面看很神奇的事情，一些薪酬微薄的员工被突然提拔到重要的职位。他们之所以会得到提拔，是因为他们即使薪酬微薄也依然努力工作，积累了丰富的工作经验，并最终得到老板的赏识。

很多年轻人逃避从事那些报酬低的工作，即使避不开必须去做，也是抱着敷衍、糊弄的心态。他们这么做，不仅所得的薪酬微薄，那些原本可以从工作中获得的、比金钱更宝贵的东西也失去了，实在是不智之举。

因薪酬微薄而对工作怀着敷衍的态度，会使自己的才能无法施展，并且敏锐的观察力、非凡的创造力等优秀的能力也得不到培养。我们可以通过对工作敷衍来抗议薪酬的微薄，但一直如此的话，我们将不可能获得成功，生命会这样白白浪费掉。

如今很多人似乎都是为了挣钱解决温饱问题而工作，虽然挣到买面包的钱也很必要，但我们工作最重要的目的是提升自我能力，积累丰富的工作经验。我们生命的价值如果仅仅只是工作挣钱，那也太低微了。

每一个渴望成功的人都应把工作看做是为成功作准备，而不是只想着挣钱。工作当然是为了挣钱，但工作的真正价值，是我们可以通过这一媒介努力向成功迈进。

我们应以积极主动的态度来面对各项工作，努力改进工作方式，提高工作效率。以积极向上的态度来认真对待工作，要有勇为人先的精神，雇主只会看重并提升这样的人。

## >>> 树立目标，确立航向

要避免生活走向碌碌无为，制定恰当的目标很重要。在目标的制定过程中，应当详细考虑各方面的因素，这样才能保证其可行性。

缺乏信心、勇气和毅力的人，是必然的失败者。那些艰难生存的流浪汉就是失败者的典型，他们缺乏奋斗的目标，更缺乏奋斗的勇气和毅力，所以最终沦落到露宿街头、三餐不继的悲惨境地。

其实，许多人的失败往往都是由不起眼的性格缺陷引起的，而不是由重大的错误决断引起的。这些性格缺陷包括：意志不坚、缺乏耐性、犹豫不决等。这些缺陷导致人们在追求成功的道路上欠缺勇气和毅力，浅尝辄止。

许多人的失败源自目标的缺失。连奋斗目标都没有的人，如何有奋斗的动力？年轻人往往都会有这样的迷茫，对于自己该做什么，又该如何去做一无所知。这种迷茫的心态让他们整天无所事事，情况一天比一天糟糕，最终精神委靡，陷入自甘堕落的深渊无法自拔。如果真演变到这种地步，重新振作对他们而言便是难于登天。可是，如果这些人能够明确自己的目标，并坚持不懈地为之奋斗到底，那么在这个过程中，他们不仅能够享受到一步步接近成功的喜悦，还能将自己的性格缺陷一一克服。

一名刚刚踏入社会的年轻人，对未来充满希望和热忱。你要游说他成为一个志向高远、勤奋努力的人轻而易举。反之，面对那些工作已久，因为屡战屡败而深陷委靡的人，要重新激发起他们的斗志，简直是痴人说梦。因为这些人虽然肉体还活着，但精神早就死了。

人们若想成功，除了要具备天分、机会、才能等因素之外，及早明确自己的目标也非常重要。若是连奋斗的目标都没有，何谈最终的成功？在这个社会中，没有奋斗目标的人比比皆是，无论是商界还是政坛，又或者是其他领域，都有这种人。这种人显然不会有好的发展前景，只能在社会中茫然奔走。他们经常会对自己的未来浮想联翩，却从来没有实现的可能。思多克说："没有主见是许多人共有的一大缺陷，这种人从来没有坚定的人生目标，每次情况有变，他们的目标就会随之发生变化。"成功者并非完美之人，他们也有着各种各样的缺陷，但是有一个优点却是他们共同具备的，那就是人生目标坚定。

再聪明的人，若是缺少了明确而坚定的人生目标，也不会获得什么成就。现实生活中因为目标不够坚定而失败的例子数不胜数，多少人原本可以成为艺术家、律师、医生，或其他优秀人才，结果却一无所成。

成功的首要条件是要有目标。如果你的天赋是做鞋，那么不妨将自己的目标设定为鞋业巨子。我们要按照自己的才能优势确定奋斗目标，这样才能事半功倍。至于目标的实现程度，则取决于一个人的毅力。没有毅力的人，根本走不到目标的终点。

成功需要坚定的目标赐予的强大力量作支撑。事实证明，目标坚定者更容易取信于人。一个有决心的人，在坚定了自己的人生目标以后，便不会理会他人的反对与破坏，无论过程怎样艰难，他都会坚持为目标奋斗到底。

能否取得最后的成功，绝不是那些目标坚定者会担忧的问题。他们考虑的只有怎样走得更稳更快，尽最大努力向目标靠近。他们不会屈服于任何艰难险阻。只要能实现既定目标，不管要付出何种代价，他们都在所不惜。

在美国的发展进程中，很多失败者都具备出色的才能，而很多成功者却资质平庸。追究这些才能过人者失败的缘由，不难发现，他们都普遍缺乏坚定的目标和强大的意志。成功固然需要机遇，但能否抓住机遇，关键在于你有没有决心与意志。人们能够通过教育不断增加自己的知识储备，但是决心与意志却无法通过这种途径取得。现代社会根本没有那些目标不明、意志不坚之人的立足之地。欧文说："决心与意志可以帮你在追求成功的道路上勇往直前，克服任何困难，朝着既定目标不断奋进。"如果你周围的环境非常恶劣，那么决心与意志的力量将会发挥得更为明显。挫折打不倒那些目标明确、意志坚定之人。在人类历史上，多少人在绝望的灰烬中重新站起来，最终功成名就，他们所凭借的就是这种矢志不渝的强大精神。

在伦敦的不少地方，都能见到为纪念一名伟大的建筑师而立下的纪念碑，在纪念碑上书写着这样的碑文："科里斯托夫·雷恩，我们的城市与教堂的创造者，与世长辞，享年90岁。他的一生都在为民众的利益鞠躬尽瘁，从未顾及过自身。"碑文中所说的建筑师科里斯托夫·雷恩，从未上过一天学，却为这座城市的建筑业立下了不朽的功绩，总共修建了教堂55座，礼堂35座。他曾为修复伦敦圣彼得大教堂，前去法国巴黎观摩学习。在参观卢浮宫时，他发出了这样的感叹："只要能修建出如此举世瞩目的宏大建筑，就算付出生命我也在所不惜。"在接下来的岁月中，他充分施展自己的才能，设计修建了汗普顿宫、肯行顿宫、德鲁利兰剧院、皇家交易所、大纪念碑等大批宏伟的建筑。他在牛津修建了很多学院和教堂，还将格林威治宫改建成一处供海员使用的休息场所。伦敦大火过后，整座城市面目全非，他又参与制订了全新的城市规划图。他为修建圣彼得大教堂足足花费了35年的时光，这也成为了他一生之中最重要的建筑作品。

上帝安排我们承受各种各样的苦难，目的在于使我们更加坚定自己的人生目标，最大限度地激发我们的潜能，绝不是为了打消我们前进的斗志，甘心俯首向命运称臣。成功者必然是那些能在挫折面前保持清醒的头脑，信念坚定地与之斗争到底的人。要增加成功的价值，就必须要经历这种与困难的艰苦搏斗过程。"

霍尔慕斯也说："无论如何都要坚持到转机到来的一刻。就算成功的机会只有百分之一，也要坚定必胜的信念。人类最高的智慧在于勇气与信念。伟大的荣耀属于那些不屈从于命运的人。真正的强者一定要有坚定的目标与意志，这是取得成功必要的前提条件。"所有想要成功的人，都应谨记坚持到底，决不放弃。

许多人认定追求成功是一件异常艰苦的事，一般人根本做不到，所以他们便将自己的奋斗目标降低。然而，这并不是一种明智的做法。因为你得到的成果往往低于你设定的目标，如果你的目标是80分，结果很有可能只有60分，甚至更低。基于这种情况，我们应该尽量将目标设定得更为远大，如若不然，只能让自己在激烈的社会竞争中处于被淘汰的边缘。

要提升自己的能力，就要有完美的欲求，希望将事情做到完美无瑕。郝乐思·格里历说过："要将事情做到尽善尽美，必须以精准的眼光和百分百的热忱为基础。"我们要不惧困难，斗志昂扬，全力以赴，这样才能不断进步。上帝将才能赐予人类，同样可以再收回。一个习惯混天熬日的人，他的才能迟早要归还给上帝，碌碌无为地度过自己的一生。要让自己得到充实感与满足感，必须要在追求成功的道路上不断奋进。成功是每天进步一点点，日积月累，最终达成的结果。

世界上有许多让人景仰的成功人士，奥利布尔便是其中之一。作为一名出色的音乐家，他的琴声宛如天籁之音，让听众们沉醉其中，忘却了所有的忧愁与痛苦，心境宁和仿佛进入仙境。所有人都对他在台上的表现赞不绝口，但他在台下所付出的努力却几乎无人了解。奥利布尔8岁那年，便立志成为音乐家。为了实现这个目标，他开始了自己漫长而艰难的奋斗历程。奥利布尔的童年时代一直笼罩在贫穷和疾病的阴影之中。由于家境贫寒，他对小提琴的热爱遭到了父亲的强烈反对。然而，奥利布尔并未因此有一丝一毫的动摇。在通往理想的道路上，他以百分百的热忱，全力以赴坚持下去，终于成就了自己的音乐家之梦。

要想有所成就，首先必须客观、全面地认识自己，然后制定一个切实可靠的目标。一个连自己的水平和能力都搞不清楚的人，如何能清楚了解真正适合自己的道路？这种人在面对问题时，永远给不出明确的解决方案，只懂得一味逃避。他们总想草草应付掉眼前的事，完全不曾想到，长此以往，必将后患无穷。一个人要想成功，必须要具备昂扬的斗志和百分百的热忱，然后一心为实现目标而努力，否则，再出众的才能都等同虚设。我们人生中的每一段经历都是一次磨炼，我们将在这一过程中完善自我，逐渐趋于完美。所以我们应好好把握每一段经历，从中汲取有用的东西，从而使自己的人生更加完美。

多与成功者交流，学习他们的经验教训，会对你的成功大有帮助。你若是有心，便不难发现，成功者在确立了长远目标之后，还会不断设定每一阶段的短期目标。他们之所以能够长年累月地坚持追求远大的理想，就是受这些短期目标的不断牵引。成功者不管做什么事，永远以完美作为自己的追求目标。为了实现这一目标，他们会将全部精力毫无保留地倾注其中。

一个人获得的地位的高低并非衡量其成功与否的标准。人们在追求成功的过程中遇到了怎样的艰难险阻，在其中展现出了多少勇气与智慧，才是其衡量其成功与否的唯一标准。只要我们在困难面前永不妥协，坚持为自己已经确立的人生目标奋战到底，我们就是毋庸置疑的成功者。

亨利·比彻说："坚定地追求自己的目标，别害怕失败，无数伟大的人物就是从失败中站起来，最终才成就了举世瞩目的辉煌，正是曾经的失败缩短了他们与成功之间的距离。"

# 第三章
## 这个世界，没有所谓的怀才不遇

这个世界上没有所谓的怀才不遇。很多人明明没有付出，还没来得及和人拼智商就输在了勤奋上。一个不懂勤奋工作的人，很难得到上司的信任，也很难得到提拔。其实，无论做任何事，如果你不努力，就很难取得成绩。

## >>> 伟大的成就来自于勤奋

有位法国作家曾说："没有人不知道米开朗琪罗的大名。60岁的米开朗琪罗，身体状况欠佳，但依旧坚持工作，每天都拿着雕刻刀在大理石上持续奋战。在工作的过程中，被他凿下的大理石碎屑纷纷扬扬，就跟下雪一样。他的雕刻速度之快，连精壮的年轻小伙子都自叹弗如。这世上的确有人会将工作看得比生命还重要，将自己的全部热忱与心血都投入到工作中。这一点也许很多人都不相信，但在亲眼见识到米开朗琪罗的工作状态后，便没有人再质疑。无论多么坚固的石头，都抵挡不住他的雕刻刀。在他的雕刻刀下，只见石屑飞舞如雪。"我们都知道，成功的艺术品决不能有丝毫的瑕疵，唯有尽善尽美才能到达艺术的巅峰。米开朗琪罗能够将巨石玩弄于鼓掌之中，把一把雕刻刀运用得宛如行云流水，游刃有余，等到一件作品完成时，连一丁点儿瑕疵都找不到。

米开朗基罗曾给过自己优秀的同行拉斐尔这样的评价:"他的艺术造诣世人有目共睹,难以有人能望其项背。可是,这一切并非因为上帝对他特别眷顾。他所有的成就,皆是由他自己的勤劳付出得来的。很多人说拉斐尔的作品完美无瑕,简直不似人间物。对于人们的这种看法,他解释道:'我对自己的作品精益求精,断然不会放任半点瑕疵出现在作品中,这才是我获得成功的真正原因。'这名伟大的艺术家征服了所有人,因此,全罗马人,包括教皇里奥十世都为他的离世而悲伤饮泣。他在38岁时,也就是正年轻有为之际,早早地离开了人世,叫人怎能不扼腕痛惜?他在短暂的一生之中创作了大量珍贵的艺术作品,包括287幅绘画以及500余幅素描,为后人留下了一笔宝贵至极的艺术财富。相信拉斐尔的事迹应该对那些不思进取、好吃懒做的年轻人们有所启发。整天碌碌无为地混日子,这样的人生简直毫无价值,这样的人活着就如一具行尸走肉!"

举世闻名的艺术家达·芬奇,性格十分开朗,为人积极向上,充满热情与活力。他每天都会在太阳升起之前开始工作,直到太阳落山之后才结束工作去休息。长年累月的辛勤工作,其成果便是他享誉全球的艺术作品。

杰出的画家鲁本斯，成功的秘诀同样是"勤奋"二字。有一次，有位炼丹师想游说路本司跟自己合作，宣称自己有能力把一般的金属熔炼为黄金。路本司这样回应他："炼金术我一早就掌握了，你不用在我面前班门弄斧了！"他一边说一边拿起了画笔和画布："凡是我的手触碰到的，全都会变成金子。"路本司就是借助自己的绘画才能赚取了巨额财富。

米莱斯是英国的一名画家，他在作画时总是聚精会神，周围的一切人和事对他而言便如同消失了一样，不管发生什么都无法扰乱他作画的心思。在提及自己的工作时，他这样说道："耕田的农夫恐怕也没有我全神贯注投入工作时那么辛苦。天分并非人人都有，但勤奋却是所有人都能做到的事。年轻人一定要谨记勤奋工作，要想收获成功，就必须要付出超人的努力。若终日无所事事，就算是天才也会将自己的天分白白浪费掉，最后一无所成。因而，那些天分很高的人更需要勤奋工作，持之以恒。唯有这样才能不辜负上帝的期望，最终获得成功。当然，并非所有人都能在艺术领域中有所成就。许多父母带着自己的孩子来向我拜师学艺，他们无一不是希望孩子们日后可以成为伟大的画家，可是我对他们说，'并非所有孩子都愿意成为画家。'为人父母者应该首先确定孩子们的理想到底是什么，之后才能督促他们为理想奋斗。而且，不管孩子们有着怎样的奋斗目标，都必须要从现在开始打好坚实的基础。每个优秀的成功人士都要经历漫长的培养过程，父母们要有心理准备，持之以恒地督促孩子们勤勤恳恳，踏踏实实地追求自己的人生目标。"

作家哥尔德·斯密斯对于写作一向要求严格。在他看来，每天能写好四行诗就很不错了。他的代表作《荒废的山村》更是花费了数年时间才写成。他曾说过："做任何事都应坚持不懈。要想写出优秀的作品，也需要如此。写作水平与逻辑思考的能力都需要在坚持不懈的写作过程中得到提升。就算一个人拥有极高的写作天赋，不勤加练习，也没有取得成功的机会。"

作为《生命之歌》的作者，朗费罗一直坚持这样一种观点："一座桥只有一部分能露出水面，但隐藏在水下的桥的基石却是一座桥梁最关键的部分。正是由于它的支撑，才使得桥稳稳当当地横跨在水面之上。伟大的诗歌也如同桥一样，其基石就是作者长时间的知识累积与写作练习，没有了这些背后的付出，便不可能有人们所能看到的优秀的诗歌作品。"

世间所有伟大的作品都是作者艰辛努力的结果，不管是《独立宣言》，还是《生命之歌》，无一例外。成稿之后，作者会不断地进行精益求精的改进，直到尽善尽美为止。拜伦的名作《成吉思汗》在面世之前，经历了上百次的反复修改，才有了后来的完美呈现。

蒂莫西尼是古希腊杰出的辩论家，在谈及自己的演讲稿《斥腓力》的创作过程时，他说自己为此付出的心血，承受的痛苦，无人能够体会。在写作方面，柏拉图也是一样的精雕细琢。在《论共和国》的写作过程中，一个开头他就修改了9次之多，堪称精益求精。普波曾为斟酌两行诗，耗费了足足一天的时间。夏洛蒂·勃朗特为找到恰当的词语，思考一个小时也是常事。格蕾曾花费一个月创作一个短篇。基奔在创作《罗马帝国衰亡史》时，仅第一章就写出了三个不同的版本，他最终花费了25年才将整部著作创作完成。安东尼·特罗洛普说："所有优秀作品的创作过程中都有一个不为人知的故事。灵感并非凭空飞入人们脑子中的，它需要经过长时间的相关资料储备才有可能出现。所有立志写作的人，都应该从现在开始加强储备与练习，不要再妄想灵感会随随便便降临到自己身上。"

有朋友对律师洛夫斯·乔特说道："上帝总是偏爱一些人，让他们轻而易举就成功了。"洛夫斯·乔特愤怒地辩驳道："荒谬透顶！是不是那些幸运儿把字母随手组合一下，甚至不用组合,那些字母自己就能汇聚在一起写成一篇《伊利亚特》?"如同月光永远不会如人们所愿自动变身为银子一样,成功也永远不会如人们所愿自动到来,它是人们辛苦付出的结果。所有看似偶然的奇迹,内里必定存在某种必然的可能,这种法则无人能够悖逆。一个人之所以会成为失败者,根本原因在于其自身。只可惜,很多失败者根本没有意识到这一点,还在不停地将自己的失败归咎于外因,帮助自己的松懈散漫开脱。

亚历山大·汉米尔顿说:"别人注意到的总是我成功的辉煌,并因此误以为我是上帝的宠儿。实际上,所有成功都是人们艰苦奋斗的结果,上帝从来不会将成功对人们拱手相送。"

在谈及自己成功的秘诀时,70岁的丹尼尔·威博斯特这样说道:"勤奋努力是我成功的源泉。上帝偏爱的从来都是勤奋之人,所以我每天都会勤奋地工作。"勤奋对于成功的作用,就好比机翼之于飞机。

罗伯特·奥格登根据观察发现,很多失败者最大的缺点就是话多,他们说话毫无重点、逻辑混乱,而那些话少但讲话清楚明了之人往往更易成功。老范德比尔特也持同样观点,他曾说:"我认为成功之道就是少说话、多做事。"

格莱斯顿在90岁时说道:"我的快乐源自勤奋的工作。当我还是个小孩子的时候，就已经明白了勤奋对一个人有多么重要。养成了勤奋做事的好习惯，机遇与成功都会接踵而至。在勤奋工作的过程中也应学会适当地放松与休息，做好打持久战的准备。休息是否就意味着工作的停止？不少年轻人都有这样的疑问。事实上，要想提高工作效率，适当的休息是很有必要的。举例来说，长时间看书学习会导致头昏脑胀，效率低下。这时不妨将手头的一切都放下，外出好好放松一下。比如极目远眺，敞开胸怀，呼吸清新的空气。这样一来，很快便可以恢复清醒的头脑，重新投入工作。勤奋工作是我们的终身事业，成功需要逐渐累积的过程，不可一蹴而就。自然规律是不能违背的，人们不可能一直保持旺盛的精力，放松与休息无疑是保持体力最好的方法。这么多年来，我每天都保证充足的睡眠，养成了合理健康的饮食习惯，并时刻注意保持情绪的稳定。通过这一系列举措使得自己的身心一直保持着良好的状态，在工作中能够最大限度地发挥出自己的才能。要是年轻人们也能做到这些，必然会对他们的成功大有帮助。"

有个朋友给出了爱迪生这样的评价："我们成为朋友的时候，他才14岁，但已经显露出与其他孩子的不同之处。他将自己的每一天都安排得满满当当，从来不虚度光阴。有时人们还在睡梦中时，他就已经开始读书了。他对机械、电学、化学一类的书很感兴趣，在这些书里汲取了不少知识，但他从来不浪费时间看小说或故事书。他的读书时间都是挤出来的，因为他每天都要去上班，很少有闲暇。可以说，他醒着的时候，不是在工作，就是在读书。他的勤奋努力使他养成了极为敏锐的洞察力，总能发掘出事物不为人知的另一面。"

爱迪生说："我所有的发明，都是勤奋努力的结果。不错，发明成果的确能够赚取物质收益，可是赚钱绝不是我勤奋工作的目的。在我的生命之中，最重要的是什么？当其余的孩子都在享受无忧无虑的童年生活时，我却在贫穷与痛苦中苦苦挣扎，完全感觉不到一丝的快乐。在那种艰苦的环境中，只有那些冷冰冰的机器可以让我感觉自己还活着。我想方设法要对电报进行改进，因为我能从这种旁人都觉得乏味至极的事情中找到自己的乐趣所在。奋斗到今天，我已经拥有了很完善的工作条件，有专门的实验室和各种先进的实验设备，能够保障我的发明工作顺利进行。我在这种艰苦的奋斗过程中感受到前所未有的喜悦与成就感，这是工作赐予我的最大的财富，远比物质收益更能使我满足。"年轻人要谨记这句话：勤奋能赐予你意想不到的收获。

## >>> 摆脱环境的束缚激发潜能

"人类虽然生来自由,但在生命的旅途中却处处受束缚。"每个人都应尝试让自己的心灵在不自由的环境中插上自由翱翔的翅膀。如果人们不能突破自己所处的环境,一味唯唯诺诺,甘心受缚,那么势必将严重损害其积极进取的热情,抑制其才能的发挥,并大大磨损其意志,最终坠入失败的深渊无法自拔。人们只有将自己的才能充分发挥出来,才有可能取得成功。要做到这一点,就必须从环境的束缚中脱离出来,让心灵恢复自由。

在困难面前,人们体内的潜能更容易被激发出来。环境的束缚会对潜能的发挥产生巨大的阻碍作用。人们要想有所成就,就必须让自己脱离外界的束缚。人们自束缚中脱身,重获心灵的自由,其过程就好比雕琢一块钻石。要让钻石释放出最璀璨的光芒,便要历经无数的雕琢与磨砺。要取得人生的辉煌，同样要历尽重重磨难。

很多人因为家里的经济条件不好，早早辍了学。这导致他们知识匮乏，成年以后时时刻刻感受到束缚。这种人要想摆脱束缚，让心灵重获自由，便要勇敢地去弥补自身的缺陷。只可惜，他们中的大多数却认定现在已经太迟了，再怎么弥补都是无济于事，所以他们情愿一辈子都生活在这种束缚中，不求改变，不思进取。有些人终生被束缚在无知的迷信中，自己却完全没有意识。他们无疑比那些被知识的匮乏束缚的人更加可悲可叹。

胆小怕事同样会使人受到束缚。自信的缺乏会导致胆小怕事。不少理想远大、才能出众的年轻人，最终却一无所成，究其原因，不外乎自信的缺乏。这样的人不管做什么事，都会被胆小怕事的性格束缚。他们总在担心自己会失败，即便理智告诉他们应该努力去争取成功，他们也依然没有勇气迈出通往成功的第一步。

他人对自己有什么样的评价，大可不必太在意。一个人若总想着怎样取悦于人，势必将对自己的自信心造成极大的损害。坚持自己的意见是否会被他人视为固执己见？一个人若存有这样的顾虑，便会将自己牢牢束缚起来，再无勇气去追求远大的理想。这种人无论做什么都会瞻前顾后,束手束脚,总妄想可以不劳而获,成功会自动送上门来。

要想成就一番事业,必须要摆脱所有束缚,让自己进入一种自由的环境之中。

没做好准备便开始行动,以及不思进取,向命运屈从,是人们的事业走向失败的两大原因。许多人终生被这两者牢牢束缚住,难以发挥自己的潜能。长此以往,他们的才能越来越低下,最终丧失了成就大业的本领,只能待在平凡的工作岗位上,庸庸碌碌地度过自己的一生。

所有事业有成的人,无一例外都具备以下优势:目标远大、意志坚定、经验丰富、勤俭节约,等等。要拥有这样的优势,他们到底付出了怎样不为人知的代价?假如让他们亲口回答,答案毫无例外,都是"努力奋斗"这四个字。他们通过努力奋斗,磨炼出强大的自信与坚定的意志,并积攒下丰富的经验,顺利摆脱了周围环境的束缚,让自己的潜能得到最大限度的发挥,最终取得了事业上的巨大成功。

能在巨大的诱惑面前坚定信念,不为诱惑所动的人,才是真正的勇士。在通往成功的道路上,到处充满了诱惑,诸如财富、美女、权势,等等,不胜枚举。只要意志稍有动摇,便会在这些诱惑面前缴械投降，从此处处受制于人，再难找回自由。自由的范围涉及很广，包括思想、言论、举止等多方面。若是在这些方面丧失了自由，无疑是非常可怕的一件事。所有立志成就一番事业的年轻人都应竭尽全力追求自由，因为只有在自由的空间中才能最大限度地接近成功。

没有谁的一生是一帆风顺的，任何人都会遇到艰难的处境。这时，忍耐便是我们应对这种艰难处境的策略。当我们陷入最绝望的困境之中，没有任何办法摆脱时，就必须要咬牙忍耐，这样我们才能最终摆脱困境的束缚。也就是说，只有坚持忍耐下去，我们才能熬过这段困难时期，不致在失败的阴影中自暴自弃。

忍耐能够帮助我们战胜困难，重塑希望。就算我们的才能无法施展，对眼前的情况无计可施，忍耐仍然可以赐予我们强大的力量，给予我们最有力的支撑。

在追求成功的道路上困难不断。很多人在这些困难面前败下阵来，富于忍耐力的人则在这时选择坚持。他们能在所有人都绝望时找到崭新的希望，为实现自己的理想坚持不懈地奋斗到最后一刻。

一个好修养的人必然懂得忍耐。商人要想获得成功，理应学会忍耐。不管客户怎样蛮横无理，出言不逊，一名出色的商人都会礼貌应对。长此以往，必能和气生财。反之，面对态度恶劣的顾客，以同样恶劣的态度应对，这样不懂得忍耐的商人何谈拓展业务？

忍耐对顾客而言也很重要。就算售货员对自己爱理不理，顾客也应表现出客气与礼貌。在其感染下，售货员也会为自己的不礼貌而抱歉，随即热情地招待顾客。

一个乐观豁达，从容淡定，并懂得忍耐的人，必然是一个深受欢迎的人。

每个人都希望找到一份自己真正喜欢的工作。可是，并不是每个人都有这样的幸运。

很多人必须从事自己毫无兴趣甚至厌恶的工作，在这种情况下，忍耐力便显得尤为重要。

成功者从来不会对自己的工作挑三拣四，无论是否喜欢眼下的工作，他们都会全力以赴地做到最好。

要想成功必须具备这样的素质：即使面对自己毫无兴趣的工作也要充满热情，用钢铁般的忍耐力去迎接成功道路上的一切考验。

人们会对那些忍耐力极强，为实现目标付出一切的人，致以崇高敬意。至于那些缺乏忍耐力的人,则通常会受到人们的鄙夷。

强大的忍耐力能帮助人们赢得别人的信任,最终走向成功。反之,缺乏忍耐力的人则很难取信于人,也很难获得成功。

不管遇到什么困难,我们都应以极强的忍耐力去应对,只有这样,才能摆脱环境的束缚,才有成功的希望。

## >>> 成功从来只属于自信的人

自信能支持人们坚定信念,勇往直前,追求理想,其对成功所能产生的推动作用,远远超过权力、财富等物质支持。

许多人会在认定自己缺乏某方面的天赋之后心灰意冷,随即放弃在这方面的努力。然而,很多成功人士之所以会在某方面取得成功,并不是因为他们的天赋特别高,而是因为他们相信自己的天赋比别人高。有了这样的信念,他们坚持不懈地付出努力,让自己的能力在实践中不断获得提升,最终成为这一行的佼佼者。

若将一支普通军队的统帅换成拿破仑,他传达给将士们的精神力量,将会大大加强整支队伍的战斗力。士兵对领导的信心与军队的战斗力直接挂钩,假如领导的能力完全不能叫下属信服,何谈队伍的战斗力?

自信能够产生伟大的力量,无论是多么普通的人,都能依靠强烈的自信心获得成功。反之，若自信不足，再优秀的人也会因为犹豫迟疑错失成功的良机。

自信有多高，成就便有多高。若拿破仑在阿尔卑斯山下对自己的士兵说出这样一句话："山这么高，我们怎么才能过去呢？"那么穿越阿尔卑斯山对这支队伍而言，马上就成为了一个不可能完成的任务。

自信决定成败。成功从来只属于自信之人，与自信相比，才能反而是其次的。

每个人都需要建立强大的自信心。要想赢得别人的信任，得到更多发展的机会，首先要自己信任自己。面对人生旅途中的坎坷波折，有信心，有勇气，迎难而上的人才是优秀的。反之，一个缺乏自信、优柔寡断的人，在遇到困难时，总是习惯逃避，任由他人来决定自己的命运，这样的人永远也无法成功。

拥有强大的自信心的人会非常果敢，并能从容地应对生活中的任何波折。他们独立自主，勇往直前，坚持用自己的双手争取成功。正是这种信念与行动，帮助他们成功赢得了他人的信任与尊重。

一个不够自信的人，根本不会有成功的机会，这一点在所有成功者身上已经得到了验证。纵观古今中外，有哪个成功人士不是勇敢自信之人？在这个竞争残酷的社会中，自信匮乏、胆怯懦弱的人势必将遭到淘汰。

自信者行事果决，当机立断，他们永远不会放任良机白白溜走。想要成功的年轻人，就该如此。而一个自信匮乏的人，在任何情况下，都很难作出决断。

爱默生说："我们每个人有成功的天赋。"成功的机会对每个人而言都是均等的，只要我们能充分发挥自己的才能，认真度过每一天，终有一日会获得成功。但是很可惜，因为缺乏自信，许多才华出众的人终其一生都一事无成。也许我们出身卑微，没有受过良好的教育，也没有找到适合自己的工作，但是只要我们有信心，有毅力，勇敢坚持，就能摆脱恶劣的现状，赢得崭新的未来。

拿破仑的一支军队刚刚打完一场胜仗，一名士兵赶紧快马加鞭去向拿破仑报告这个好消息。路上，马因为过度疲劳而死，于是拿破仑便将自己的马借给了这位士兵。

士兵说："将军，我只是一个小小的士兵，怎么配骑您的马呢？"

拿破仑严肃地纠正他说："我们法兰西的士兵，没有什么是配不起的。"

很多人的想法都跟这位士兵类似,他们坚信自己只是一个卑微的小角色,做不成什么大事业。很多人一生甘于平凡,正是这种自卑心理作祟的结果。他们认为世间的一切美好都该由出类拔萃或特别幸运的人享有,而非像他们这样的普通人。这种根深蒂固的自卑念头扼杀了无数人的前程。

在追求事业的过程中,自信的重要性要远远超过财富、权力等外在条件。它深深根植于我们体内,是最为强大的精神动力。

当然,除了自信之外,要想成功,还必须不断付出努力。许多原本自信的人,在经历挫败以后会对自己的能力产生怀疑,这说明他们的自信心不够坚定。在通往成功的道路上,要想不被挫折打倒,就必须培养最坚定的自信心,勇往直前,拼搏到底。

伟人们在做事之前和做事的过程中,普遍保持着坚定的自信,他们不惧任何艰难险阻,一直奋斗到胜利的终点。

玛丽·克莱里曾说:"如果必须要做一片遭人踩踏的泥土,希望踩踏我的人全都是勇士!"如果一个人对自己都没信心,如何还能奢望别人对他有信心呢?

## >>> 没有思考，你永远换不来成功

正确的思想会带给人们无尽的动力。成功者一定是有正确思想作指导的人，这种思想对于改变人们本身以及周围的环境，都起着不可磨灭的重大作用。人们的品格与才智会在正确思想的指导下日趋完美。

有人说：思考是人生最大的职责所在。圣保罗的一生都在积极思考中度过。持续不断地思考，使得他的品格日臻完善，才能不断提升。他根据自己的切身实践对人们提出了这样的忠告：思考是你自己的事，没有人能够代替你完成。因而当一件事发生时，不管它表面看来多么公正合理，也不管别人对此持有何种意见，你都需要通过自己的独立思考作出判断。要有自己的处事原则，如果总是按照别人的指示，看别人的脸色行事，那么本该属于自己的快乐也会荡然无存。嫉妒更是快乐的天敌，如果总是想着嫉妒别人，那么永远也无法获得快乐。只

有这样，才会使你远离犹疑，做一个有主见的人。思考不应当只停留在表面。走马观花、浅尝辄止的思考方式不能给你任何帮助。只有深入下去，放开眼界，追寻超然物外的大智慧，才能在持续的思考过程中真正有所收获，并将思考变成一种贯穿生命始终的惯性行为。

所有人都知道容器中装满水以后，再有多余的物体加入其中，里面的水便会溢出来。可是，有谁曾为此专心地思考一下，意识到加入物体后溢出的水的体积与加入物体的体积是相等的。只有阿基米德想到了这一点，他据此找出了最简便的运算方法，用以计算所有形状不规则的物体体积。

土星外围的光圈多年来一直为广大天文学家所知，然而，他们并未对此展开研究，而是将其作为行星形成规律的一种例外情况看待。只有拉普拉思坚持自己的意见，他认为在星体形成的过程中，并非所有阶段都观察不到，像土星的这种情况，便是该过程中仅有的可观察到的阶段。这种观点最终被他证实了，天文学领域对于星体形成的研究也因此有了大跃进。

在哥伦布发现新大陆之前，欧洲的船员们个个都曾对新大陆怀有梦想，只可惜无人有勇气亲自前去一探究竟。直到哥伦布率领船队出发，最终在广阔的海洋深处找到了新大陆，才终于使这种梦想成真。

世间曾有无数苹果坠落,砸到人们的头上,但是竟无一人深究苹果下坠的原因。牛顿是唯一一个产生疑问,并随即对此展开了深入的思考和研究的人。最终,他得出了这样的结论:宇宙之中,一切星体都能按部就班地沿着预定轨道运行,所有分子无时无刻不在运动,却绝无碰撞的现象发生,这与苹果只能下坠,不能到达别的方向是同一个原理。

人类出现之初,就有了电闪雷鸣这种自然现象,然而却没有人想到有惊人的能量就隐藏在这耀眼的闪电之中。唯独富兰克林意识到了这一点,他的实验让所有人认识到闪电就如同空气与水一样,是宇宙之中一种极其自然的存在。它的内部潜藏着巨大的能量,并可能被人类掌控利用。

所有人都知道,物体悬挂时会来来回回地摆动。因为受到空气阻力的影响,这种摆动会逐渐停止。至于这种现象在现实生活中有没有意义,可不可以被应用,却无人理会,只有伽利略例外。

少年时代的伽利略在比萨大教堂中,不经意间发现一盏悬挂的灯正在来来回回地进行着有规律的摆动。现在广为人知的钟摆定律,就是伽利略据此研究出来的。伽利略入狱以后,依然保持着高度的热忱，坚持科学研究。牢房中的稻草杆子也成了他的实验工具，直径相同的实心管和空心管的相对强度就是他就是用这些工具研究出来的。

上述人物，绝大多数都被后世冠以"伟人"的称号，原因就在于：对于所有人早就习以为常的现象，他们却能通过思考从中找出非同一般的规律，并能最终利用这种规律取得成功。

一位年轻人忿忿不平道："我是一个诚实的人，为什么却无法依靠诚实变成一个成功的人？"只有诚实的人才能成功，但并非只要诚实就能成功。员工绝不会因为没有偷窃公司的财物而得到升职。要想升职加薪，必须要勤于工作，善于思考，做到其他员工做不到的事。

## >>> 你还年轻，怎么能丧失热情

所有的艺术家或文学家在创作伟大的作品时，都会被极为强烈的热情驱使，终日寝不安席，食不知味，等到将所有的灵感都通过作品表达出来时，才能得到安然休憩。狄更斯说，自己在构思每一篇小说时，都会被其中的情节纠缠得异常痛苦，吃不下，睡不好。等到整篇小说完成时，这种情况才会告一段落。他曾试过整整一个月困在家中，只为斟酌该如何描绘小说中的某个场景。这段时期结束以后，他再出门时，看起来就如同生了一场大病，憔悴得吓人。

盖思特首次登台时，便给人一种耳目一新的感觉。这时的她不过是个无名的新人，却凭借着自己在演唱时投入的巨大热情，吸引了大批观众。对于唱歌，她有着无比狂烈的热情，不惜将所有精力都倾注于此，以求提升歌唱技巧。她演唱的时间还不满一周，便成功征服了所有观众，从此走上了独立发展的道路。

闻名遐迩的女歌唱家马莉布兰能从低音D接连升3个八度到达高音D，对此一名评论家极为赞赏。马莉布兰说："为了能做到这一点，我可是花了不少心血呢！有一段时期，我无时无刻不在想着怎么发出这个音来，穿衣服的时候，梳头发的时候，穿鞋子的时候都在思考这个问题。后来总算在穿鞋时找到了灵感，这可足足花了我一周的时间呢！"

杰出的演员嘉里科同样对自己的工作倾注了极大热情。有一回，他被一位不得志的牧师追问，如何才能吸引观众的注意力。嘉里科说："我们之间有着很大的不同。面对观众时，我讲的都是些虚构的台词，而你讲的却是颠扑不破的真理。为了取信于观众，我在说这些台词时，必须先从内心深处坚信它们全都是事实。你跟我却正好相反，你在讲那些真理时，态度含混，似乎连自己都不确认它们是否真理，别人又如何相信你呢？"

爱默生曾说过："热情创造了人类史上所有伟大的事件。举例来说，阿拉伯人在穆罕默德的领导下，不过只经历了几年时间，就建造了一个强大的国家，其疆域甚至超出了伟大的罗马帝国。因为有坚定的信念支撑着他们的军队，纵使他们没有盔甲装备，也能与正规骑兵一较高下。甚至连女性也与男性一同上阵杀敌，将罗马军队打得落花流水。他们的首领有着极高的威信，只要用手杖在地上敲一下，所有臣民便无人敢提出异议。他们的军队纪律极为严明，可以说是秋毫无犯，只靠自身落后的武器装备以及紧缺的粮草供应支撑到最后，在亚洲、非洲，以及欧洲的西班牙开拓了大片的疆土。"

若人们能够集中全部精力，调动所有细胞，竭尽所能达成自己渴求的胜利，那么就可以说他已经拥有了极大的热情。在创作《巴黎圣母院》的过程中，维克多·雨果正是在这种超凡的热情驱使下，将所有外套都锁起来，禁止自己外出，以求能全心全意地完成自己的工作。最终他依靠着这种热情，完成了这本旷世名著。

为了研究解剖学，伟大的雕塑大师米开朗琪罗足足耗费了12年的时光，并险些搭上了自己的健康。然而，有付出必有收获。这12年的艰苦训练，为他日后所取得的伟大成就打下了坚实的基础。之后，他每次进行人体雕塑时，首先思考的便是骨架，其次才是肌肉、脂肪、皮肤。相较于这些，倍受他人重视的服饰反而成了他最后才会思考的问题。在创作的过程中，他会将所有雕刻工具，如凿子、钳子、锉刀等全都用到。至于颜料方面的准备工作,他也决不允许他人插手,从颜料的选择到调配全都由自己亲力亲为。

英国著名作家斑扬的生活一直十分贫困,但他却对宗教有着极大的热情,一直坚持布道。小时候,他曾上过学,但是学到的一点知识却在成年后全都被抛诸脑后,只能借助妻子的帮助,重新开始一点一滴地学习累积。凭借着自己对于宗教信仰的巨大热情,他最后终于写出了传世巨著《天路历程》。

英国作家查尔斯·金思立曾这样写道:"对于年轻人们表现出来的巨大的热情,人们总是一面笑着赞赏,一面在心底反思,为何自己年轻时的热情一去不复返?他们在遗憾与不解的同时,并没有发觉,这种热情的遗失很大程度上是由自己一手造成的。"

但丁的满腔热情留给了后人庞大的精神遗产。丁尼圣凭借自己的热情,在18岁时就已创作出自己的第一部作品,19岁便获得了剑桥金质奖章。

英国作家洛斯金说:"无论是在哪个艺术领域,最美好的成就都是由年轻人们一手打造出来的。"英国政治家蒂斯雷立也说:"所有惊世骇俗的壮举都是饱含热情的年轻人们创造的。"美国政治家特琅布尔博士则说:"上帝统领着整个世界，年轻人们亲力亲为创造了这个世界。"

伟大的艺术家在创作时饱含的热情会在其作品中展露无遗，无论是当时还是后世的欣赏者都会在其中感受到一种神秘的氛围，令人仿佛置身于作者当时所处的浓厚的创作氛围之中。为贝多芬创作传记的作家，曾经写过下面一件事：

冬夜，我们沐浴着银灰色的月光，行走在波恩的一条窄巷中。在经过一间小屋时，贝多芬忽然叫我停住脚步，说道："是谁在弹奏我的F大调奏鸣曲，听，弹得真好呀！"

当乐曲就要终结时，琴声一下停住了，有人呜呜咽咽道："我弹不下去了，这么好的曲子，我却没能力弹好它。如果我们能去科隆听一听音乐会上的现场演奏就好了。"

"妹妹，别这样了！"另一个声音对她说，"现在我们连房租都交不起了，怎么还能去听音乐会呢？"

他的妹妹应道："我也明白这是不可能实现的。我只是在心里想象一下，若真能去听音乐会该是件多么美妙的事呀！"

这时，贝多芬对我说："走，我们进去看看到底是什么情况！"

"我们进去能做什么？"我反问他。

"我要亲自为她演奏！她是我的知音，她真正了解我的音乐,并深爱它们,所以我一定要亲自为她演奏几支乐曲!"这样说着,贝多芬已经打开门进去了。

小小的房间里,只见一名年轻男子正坐在桌子旁边补鞋。另有一位年轻姑娘,神情哀伤地倚靠着一架陈旧的老式钢琴。贝多芬说:"打扰你们了。我在外面听到琴声,便不由自主地走了进来。不好意思,刚刚我不小心听到了你们谈话的内容。你们说想听一下真正的现场演奏,正好我是一名乐师,就让我来为你们弹奏几支乐曲怎么样?"

补鞋的年轻人说道:"谢谢您的好意!可是我们家的钢琴太差劲了,更何况,我们两个对音乐也根本没什么了解。""怎么可能?"贝多芬吃惊地叫起来,"这位小姐……啊……"到这时,他才发觉那个年轻姑娘居然是个盲人,极度惊讶之下,不禁有点张口结舌。他努力稳定了一下情绪,才又说道:"真是不好意思,我太冒昧了。这么说您是完全靠听觉学习音乐的,对吗?可是刚刚听您说过,您并没有去听过音乐会,那么您是从什么途径学来的这些音乐呢?"

姑娘说道:"先前我们曾在布鲁塞尔住过两年时间。在那段期间,附近有位夫人时常弹奏钢琴。夏天,她总是开着窗,我便到她的窗下听她弹钢琴,就这样学会了这些曲子。"

听了她的话，贝多芬便来到钢琴面前坐下，开始弹奏。我从未见过贝多芬像今天这般全身心投入去弹奏一支曲子，连那架陈旧的钢琴都像是被他的激情点燃了。在悠扬的乐曲声中，那对兄妹完全沉醉了。忽然之间，房间里唯一的蜡烛熄灭了，月光透过窗户照入房间，倾洒了一地。贝多芬骤然停下来，埋头苦思起来。

"简直太不可思议了！"年轻人低声赞叹起来，"请问您到底是谁？""你仔细听听。"贝多芬一面说着，一面又弹奏起F大调奏鸣曲一开始的几小节。年轻人忽然反应过来，惊喜地叫道："您是贝多芬！"这时，贝多芬已经起身，看样子是要离开了，年轻人急忙挽留道："请您再为我们弹一支曲子吧！"

贝多芬说道："我马上要以月光为题创作一首奏鸣曲。"他专注地望着深蓝的天幕，寒冷的冬夜，万里无云，唯见一片星光灿烂。他望了一会儿，又坐回钢琴旁边，开始弹奏一支崭新的乐曲，其中浸透着浓浓的哀伤与深深的爱意。紧接着是一段三拍的过门，轻灵优美，仿佛美丽的仙女在翩翩起舞。最后是激烈奔放的尾声，紧张得扣人心弦，让人情不自禁地产生一种感觉，觉得像在被某种未知的恐慌带离现实，身心与奇妙的幻想融为一体。

一曲终结,贝多芬站起身来与他们道别,随即走向门口。"您还会再来吗?"两兄妹不约而同地问道。"我会再来帮忙指导这位小姐,"贝多芬匆匆说道,"但是现在我必须得离开了。"接着,他转而又对我说:"趁着这支曲子我现在还能记得住,我们一定要快些回去,把它写下来。"于是,我们急忙赶了回去。在黎明到来时,贝多芬终于将《月光奏鸣曲》的曲谱完整记录了下来。

由此可见,要想取得一番成就,热情必不可少。

# 第四章

敢拼，将来的你才会感谢现在的自己

"人类虽然生来自由，但在生命的旅途中却处处受束缚。"如果人们不能突破自己所处的困境，一味地唯唯诺诺、甘心受缚，那么势必将严重损害其积极进取的热情，抑制其才能的发挥，最终坠入失败的深渊。

人们自困境中脱身，重获心灵的自由，其过程就好比雕琢一块钻石。要让钻石释放出最璀璨的光芒，便要历经无数的雕琢与磨砺。要取得人生的辉煌，同样要身陷困境之中，历尽重重磨难。人们要想有所成就，就必须让自己竭力走出困境。

## >>> 有付出才有收获

付出多少，收获多少，命运向来都很公平。若是你想得到某种成果，就需要付出足够的心血，坚持不懈地努力，"三天打鱼，两天晒网"是不行的。逆水行舟，不进则退，当别人都在为了梦想努力拼搏的时候，毫无进取心、得过且过之人其实就是在倒退，最好的情形也就是站在原地不动。这种人是不可能有新的收获的，因为他们不付出任何努力，对现状十分满足。而那些拥有远大理想的人永远都走在追求进步的道路上，他们不断给自己制定更高的目标，在完成的过程中一次次超越自我。他们最终将成为时代的领跑者，因为他们在前进的过程中会越来越聪慧、勇敢、乐观。

要想让井水流出，必须先将它从井中抽取上来才行，我们需要多少就得先抽出来多少。其实做人也是一样，我们不可能不付出就有收获，获取任何事物都必须先交付同等的代价。我们想要获得丰收,就必须先慷慨大方、真心实意地付出。吝啬付出的人是不可能有好的收获的,并且越小气,收获就越少。好人自有好报。行善之人都会有意想不到的收获,并且这种收获是与付出成正比的,越慷慨、越善良的人,他在付出后所得到的回报也就越多。

有一位伟大的慈善家曾说道:"世界上最有利的投资就是精神上的付出。我们的生活因此而五彩缤纷,充满新鲜的活力,我们的精神状态也更加饱满。我们的付出将会获得丰厚的回报。别看我现在捐出去大量过往积攒的财富,但我在付出的同时收获得更多,只是这种收获是一个长期的过程,我们并不能马上看到罢了。"

曼洛特·萨威奇曾经在教堂里当着众人的面说:"我一而再再而三地强调,我们的世界还处于贫困之中,有很多人还吃不饱饭。如果不再继续生产下去的话,那么两三年之后,现有的粮食就会被全部吃光。那个时候,人类就会从这个地球上消失。因此说,我们需要联合起来,共同谋求人类的福利事业。一个人,只有付出一定的东西之后,才能够从这个世界取走一些东西。如果他拿走了东西,却没有补偿,那他就是小偷。"

有付出才会有收获,这是财富增加的基础。而那些太过计较利益得失的人或许会损失更多。有一个未发育好、身材瘦小的小伙子坚持健身，一个体格强壮的人看见后忍不住劝说他："年轻人，你还是把力气留着明天干活用吧！你太虚弱了，怎么经得起这样瞎折腾呢？你把体力花在双杠和哑铃上只是白费力气。"那个小伙子答道："先生您心地真好，谢谢您！但是我想获得好的体力，这必须先付出自己的体力才行。我现在把体力都消耗在这些健身器材上，正是为了锻炼出自身的更强大的力量。在这个过程中，我会渐渐获得强壮的肌肉及体魄。"

心地善良的人总会忍不住去帮助那些有困难的人，他们处处都会先替别人着想。他们会向那些为自己服务的人表达衷心的谢意。即使只是报童或者酒店、餐厅的服务生，他们也会回以真诚的笑容。他们的这种付出，使得他们原本就高尚的品格更加高尚，原本就宽广的胸怀更加宽广，他们的收获远大于他们所付出的。尽管如此，这些人并不是为了获取回报才慷慨付出的，这种结果完全是"无心插柳柳成荫"。他们给予忧伤之人安慰及鼓励，使这些人重拾信心，充满自信地大步向前迈进。他们真诚的理解的目光以及温暖的双手，能够帮助身处绝境之人找回勇气与信念，重新站起来，勇敢地面对新生活。

美国作家梭罗曾这样说道："付出不可能会没有回报的。

如果有人不畏艰难地努力付出后却毫无收获，这是违背上帝所制定的原则的。那些令人钦佩的执著追求真理的人士，是心胸博大宽广、极具英雄气概之人，这样的人，他们的努力绝不会白费。"

有付出才能有回报，这一点我们应时刻牢记。我们应以这种心态来面对生活，然后我们蕴藏的潜能及优秀的品质都会在付出的过程中显现出来，丰盛的晚餐将在前方等待着我们。

有个男孩只有12岁，却已经弹得一手好钢琴。有一回，他问著名的音乐家莫扎特这样一个问题："我希望能够自己创作乐曲，您说我应该从什么时候开始付诸行动呢？"莫扎特答道："别急，再等一阵子吧。"小男孩不解道："但是您在比我还小的时候就已经开始独立创作乐曲了！""不错，可是我从来没考虑过你问的这个问题。"莫扎特答道，"因为创作是一种自然的瓜熟蒂落的过程，只要你上升到一定的水准，便能很自然地创作出属于自己的作品。"

不要为自己过人的天分而沾沾自喜、自视甚高，只有蠢材才会认为单凭天分就可以取得成功。就算一开始你是上帝的宠儿，起步比所有人都顺利，可在过程之中若是麻痹大意、松垮懈怠，仍然会远远落在人们身后。年轻人们在追求理想的道路上，一定要谨记：勤奋，努力！要想得到丰厚的收获，就必须付出艰辛的努力。一味害怕辛苦，逃避松懈，最终只能一事无成。马上投身工作吧，战胜我们体内强大的惰性，战胜我们最强大的敌人——自己！因为，这才是通往成功的唯一道路。当然，我们必须正视战胜自己是一件非常困难的事，必须要付出极大的努力，并以超人的意志坚持到底。

在所有天赋很高的人中，最终沦为平庸之辈的人要远多于真正成为天才的人。对此，英国画家雷诺兹评论道："一味地等待、期盼是无法使自己成为天才的，因为天才是一种能力，而不是直接由上帝所创造的。"有这样一句话："天才是百分之一的天赋，加上百分之九十九的汗水。"那些认为天才都是上帝的宠儿的年轻人，都应该记住这句话，不要以为他们的成功仅仅是因为优秀的才能和极高的天赋。要知道，天上是不会随便掉馅饼的，就算掉了你也不一定接得住，不自量力之人可能会被这巨大的馅饼砸伤甚至砸死。要想取得巨大的成功，就应从现在起开始努力付出、勤奋拼搏，原地不动是等不来成功的。所有名人、学者所取得的光辉成就，都离不开他们持之以恒、全力以赴地拼搏。

比彻说："从来没有哪种新型文学作品或艺术流派的出

现是不费吹灰之力的。所有创新的成果，都是首创者心血的结晶。他们付出的巨大努力，在一般人看来简直不可思议。天才若想成功，同样需要勤奋，否则，便白白浪费了他们出众的天赋。"

对于那些擅长发现机会并能及时抓住机会的人而言，每次机会的到来都好比播撒了一粒种子。这些种子会逐渐生根发芽，将更多的机会带给他们或者与之相关的人。所有勤奋工作的人都会发现自己的人生之路会越走越宽阔，他们在这条道路上坚持不懈地行走下去，会越来越接近成功的终点。事实上，在通往成功的大道上，每个人都有机会走到最后。不管你是什么身份、什么职业，政府公务员也好，公司员工也罢，工程师也好，普通学生也罢，都有走上成功大道的机会。更何况，在高度发达的现代社会，这条通往成功的大道比以往任何年代都要更宽阔、更平坦。

## >>> 保持强烈的进取心

航海罗盘在未被磁化之前,其指针会随着地点的变化不断发生改变,这种情况在它被磁化以后就会消失。到那时候,就像是有一种未知的力量在控制着罗盘,不管将它摆放到哪里,指针的方向都不会发生改变。

未被磁化的指针,就好像那些甘于平凡的人,在他们身上完全不存在那种未知的力量,亦即积极进取的精神。他们毫无追求,心甘情愿地过着平庸的生活。那么,我们的进取之心到底来自何处?究竟是怎样的一种力量支撑着我们不断朝目标奋进?进取心到底怎样促成了我们最终的成功?

进取心到底是怎样的?这个问题极少有人认真地考量过。进取心对人们的影响力巨大,其本质就是宇宙的一大奥妙所在。所有人体内都隐藏着进取之心,它就如同本能一般让人难以觉察。人们要想掌握那种未知而强大的力量,就必须将这种进取之心唤醒。

人们是否能够获得成功，关键在于其是否具备坚定的意志与超强的进取之心。人们之所以能够在面对困境时坚持奋进，原因就在于这两种力量的支撑。它们是人类身上表现出来的强大的宇宙力量，绝非单纯的人为创造。它们对于我们的人生影响巨大，许多人甘心舍弃良好的生活条件，让自己吃尽苦头，就只为得到这两种伟大的力量。

每粒种子都有向上生长的本能。这种本能存在于每个生物原子之中，而一切生物原子都具有生命。这种本能所产生的巨大力量，促使种子发芽生长，最终开花结果。世间所有的生物也都是在这种力量的推动下，有条不紊地运行在各自的生命轨道中。人类体内自然也存在着这种力量，人们对于完美的追求，正是在这种力量的刺激下进行的。上帝赐予了我们这种力量，并赋予了每个人对它的使用权，但这并不代表它从此就将属于每个人，不会再发生改变。事实上，如果将这种力量长期闲置，它便会自动离我们而去。对于一个懒散的人而言，这种力量同样发挥不了作用。

人们要想获得满意的收获，就应学会充分利用这种力量，不断提醒自己，在成功的道路上决不能有丝毫松懈，要获得光明的未来就必须马不停蹄地奋斗到底。人类的进取之心是不会停滞的，追求的目标也会随之不断提升。因为人类有着无穷无尽的能量，完全可以实现这些目标。显然，人类文明现在所达到的高度是前无古人的，然而这并不代表我们就可以志满意得，裹足不前。正所谓逆水行舟，不进则退。这种强大的力量会不时地鞭策我们，切忌为小小的成就便自鸣得意，前方还有更远大的目标在等待着我们。我们将在这种力量的驱策下，不断朝着更高的目标奋进。

梭罗说："人们穷尽一生的力量追求同一个目标，岂料最终竟一无所获。这种事情你听说过吗？不，你绝对不可能听说过这种事，因为世间根本不会存在这样的情况。人们在认准目标以后，坚持不懈地为之奋斗，其才能必然会在这个过程中不断得到提升。世间没有一份努力是毫无收获的。任何对美好理想的执著追求，最终都会有所得。"

在当今社会，我们不难看到这样的例子：有的人一生下来就非常有天分，只要他们能利用好自己的天分，就能取得不错的成绩。然而，他们最终却一事无成，在一份平凡的工作岗位上庸庸碌碌地浪费了自己的一生。他们之所以会得到这样的结果，原因就是没有进取心，所以没有用心接受教育，充分发掘出自己的潜能。薪水高低是他们对一份工作最大的衡量标准，这种人很难看到工作的真正价值所在，也不会用心去寻找适合自己的工作，并在其中倾注全部的精力，最终有所成就。人们受教育水平的高低，与其工作效率及最终的工作成果紧密相关。例如，一名技工要想工作称职，就必须要接受专业的训练，否则便很难胜任这项工作。

进取之心会对人们产生强大的激励作用，帮助人们培养高尚的品格。用美好的品格取代恶劣的品格，是消除品格中的恶劣成分的最好途径。强烈的进取心，会促使人们不断进行自我激励，不断追求更高远的目标，这对于消除人们身上的恶劣品格和种种坏习惯会起到巨大的促进作用。这会有助于将恶劣品格和坏习惯成长的环境彻底破坏掉，这样一来，它们自然而然就会从我们身上消失了。

人们要避免陷入堕落的深渊，最好的方法就是不断朝着更远大的目标奋进。进取之心不在强弱，它就如同希望的种子一样，一旦遇到适合的生长环境，便会迅速地生长壮大，开花结果。这就要求我们在得到这粒种子的同时，必须要提供给它生长所必需的环境。否则，这粒种子根本没法存活，当进取之心消亡以后，我们的人生将会长满荒芜的杂草。

不少人觉得进取之心完全没办法培养起来，因为它的强弱根本就是与生俱来的。事实上，这种想法是完全错误的。很多人因此自甘平庸，不再努力，更是错上加错。进取心当然可以借助后天的努力培养起来，而且就算人们生来进取心强烈，若是不注意后天保持，也会在困境之中逐渐被磨蚀。一个人习惯办事拖拉，或是逃避责任，都会对其进取心产生不利的影响。当然，强烈的进取心也可以通过良好的心理状态培养起来。

很多人经常会感受到自己体内进取心的骚动，但是因为他们畏惧艰辛的奋斗之路，所以总是没有勇气采取行动摆脱现状，以满足自己的进取心。时间长了，起初强烈的进取心渐渐减弱下去，最终消失不见。这样的人，终其一生都不敢振作起来并勇敢追求成功，所以等待他们的只能是一事无成。

人们时常会聆听到上帝的召唤："努力吧，成功终会属于你的。"所有生命的本能都是竭尽所能追求更高的目标，这也是自然界的运行规律。这种不懈的追求使得毛毛虫最终蜕变为美丽的蝴蝶，而丑小鸭最终长成为白天鹅。生物进化规律是不断向上的，因而一般不会出现截然相反的现象，由蝴蝶变为毛毛虫，或是由白天鹅退化成丑小鸭，即使出现也是暂时的。

若员工们都能保持强烈的进取心，那么他们与老板的关系就由雇佣关系上升至亲密无间的合作关系。

假如你听到了上帝的召唤，便要作出选择，而这个选择将关系到你一生的成败。要是你选择无动于衷，那这种召唤便会逐渐减弱，直至最后消失。自然，你的进取心也会随之消失。反之，要是你选择接受这种召唤，奋起努力，那么终有一日，你将迎来属于自己的成功。因为，要成为成功者，就必须时刻保持旺盛的进取心，不断行进在追求进步的路上，无论如何都不能有半分松懈。有位哲学家说："没有人会重视一个终日无所作为的人，在这个竞争激烈的社会，不思进取的人无疑会最早遭到淘汰。不要以为自己不追求做大人物，只需做小人物便可以高枕无忧。殊不知饱食终日，无所事事之人连小人物都没有资格做，等待他们的只有一败涂地的悲惨结局。"

每个人都应记住本杰明·帕克的这段话：

假如你认定自己是强者，
便要勇敢踏上强者的征程，
越过无边草原，
穿过无尽暗夜。

## >>> 珍惜精力和时间

每个人的精力和时间都是有限的，所以精力和时间可以称得上是一个人最宝贵的财富。那些聪明的人，总是能够让这它们得到充分利用，从来不会轻易地将其浪费。

如果人们能够把自己的精力和时间充分利用起来，那么他们一定能够取得成功。可是，很多人把精力和时间都消耗在一些无关紧要甚至无聊的事情上，所以他们才没有取得成功。

女士们都喜欢把时间和精力花在毫无意义的琐事上，例如逛街以及试衣服。她们会反复挑选衣物然后一件一件地试穿，最后把自己弄得疲惫不堪却一件也没买。她们还会为了挑选一条发带、一顶与自己脸型匹配的帽子或者新近流行的手套，而不惜花上一整天的时间。这样做真是太浪费了，她们为何不能将这些时间和精力花在更有意义的事情上呢？例如帮助那些有困难的人，或者给自己充充电，使自己活得更充实、更完美。

挑选自己喜欢的东西，这一行为本身当然无可厚非。但在我们的生命中，还有很多更重要的事情等着我们去完成，如果让这些琐事成为我们生活的主题，那我们的生命还有什么意义呢？

浪费精力和时间，就等于浪费机会。如果总是错过机会，那么那个人一生也不会有什么成就。因此，要想成功，就要从现在开始，珍惜精力和时间。很多人犯下了一个非常严重的错误，他们把钱财看得非常重要，而忽略了精力和时间。殊不知，精力和时间远比金钱宝贵得多。他们根本就不珍惜自己的精力和时间，总是肆无忌惮地享乐。

很多人觉得浪费自己的精力和时间是一件无所谓的事情，本来能够做好的事情，他们却没有做好；本来可以在年轻的时候不断地提高自己，以利于将来成就一番大事业，可是他们却总是做一些毫无意义的事情；本来可以读一本好书，可是他们读的却是一本无关紧要的书；他们做事的时候，总是心不在焉，总是要反反复复才能把一件事做好；他们工作的时候，也没有尽过全力。

要想成就大事，就不能在细枝末节上斤斤计较。有一些商人志向高远，也在为自己的目标不停地努力，可是他们总是把精力和时间浪费在无关紧要的工作上。他们每天都忙个不停，一直工作到深夜，但他们的收获并不与他们的付出成正比。其实，他们不知道，做事的关键在于效率，而只有清醒的头脑才能够提高效率。对一个人而言，遇事冷静非常重要。当一个人心浮气躁时，不但办不好事，反而还有可能把事情办砸。

一个人在一段时间里，最好只做一件事情。因为同时做几件事情，就有可能一件也做不好。要学会分辨出哪些事情重要，哪些事情不重要，哪些事情需要先做，哪些事情可以放一段时间再做。之后，就可以集中精力做那些重要且必须要做的事情了。只有这样，才能够更好地提高效率。如果我们能够合理地利用自己的精力和时间，那么我们就能够在一定时期之内办好更多事情。

约翰·亚当斯总统在众议院任职期间，每次他一露面，那就是在无声地告诉大家："马上开始会议吧，时间就要到了。"由于这个原因，他常被形象地称为时间的代言者。他的准时习惯蔓延至工作、生活的方方面面，比如他绝不会在赴约时迟到。"时间是如此的珍贵，浪费别人的时间就等于浪费别人的生命！"亚当斯这样说道。

在英格兰，人们建造了一座大厦。在大厦里有很多律师办公，这些律师经常会到走廊和大厅里交流、开会。为了给律师们提供方便，人们打算在大厦的正面装一个非常大的时钟。造钟的人觉得光装一个大钟会让人觉得突兀，于是就打算征集一句格言放在大钟下面。他把这个任务交给了正在开会的人群中的一个。这个人看到一个正忙着工作的人，便向他征集格言。那个人正在全神贯注地工作，根本不知道这个人说的是什么。为了不让这个人打扰自己工作，他随便说了一句："没看我正忙着呢吗，不要来打扰我。"这个人听到这句话后，就记了下来，然后就回去找造钟的人。造钟的人听到这句格言之后非常吃惊，他觉得这根本就不像一句格言。可是，犹豫了一会儿之后，他还是决定要使用这句格言。因为他认为，这句格言可以让那些懒惰的人懂得珍惜时间。

那些做出一番事业的人，都非常善于利用精力和时间。他们都非常重视自己的身体，用各种安全措施来保证自己的身体不受损伤。他们任何时候都不会轻易浪费自己的精力，因为他们知道，充沛的精力是成功的关键因素。

当面对我们的长辈、领导，或者能够给我们提供帮助的人时，我们宝贵的时间就可能被白白浪费。他们可能会讲很多与我们无关的事情，或者讲很长时间的废话，出于礼貌和尊重，我们只能默默地听着。这实在是一件非常可气的事情。

人们总是错误地认为，只有在工作时，精力和时间才会被浪费。其实并不是这样的。在家里同样会浪费精力和时间，而且还不比在工作中浪费的时间少。

很多家庭主妇总会花很长时间来煲电话粥，或者与客人闲谈。当然，并不是每一个妇女都如此。聪明的妇女总是能够充分地利用时间，把家里收拾得井井有条。而那些不懂得利用时间的妇女，总是把时间浪费在一些毫无意义的事情上。有的时候，她们还会浪费其他人的时间。当她们去别人家里做客时，总是没完没了地闲谈，如果主人不赶她们走，她们就会一直待下去。这样的妇女，根本就没有意识到时间的宝贵。

在谈论"浪费生命"这个话题时，一位非常有名的作家如是说："每一个伟大的人，都懂得时间的重要性。他们会珍惜每一分每一秒，从来不会虚度光阴。如果不能够充分地利用时间，要想取得成功，基本上不可能。浪费时间的人都会受到惩罚。要想获得幸福，就需要充分利用时间去不断奋斗。很多人总是抱怨说，自己没有取得成功，是因为自己时运不济，没有遇到好机会。其实，他们不是没有遇到机会，而是让机会从他们面前溜走了。因为他们不懂得利用时间，而机会就隐藏在这些微不足道的时间里面。浪费时间，不仅会让一个人的信心受到打击，梦想难以实现，还会让一个人无法获得幸福的生活。"

对于科学家和艺术家来说，每一天的24小时都非常重要，他们可以创造出很多有价值的东西。而对一个渴望成功的年轻人来说，这24小时同样重要。

无数个今天组成了历史，无数个今天也将造就未来。因此，每天早晨醒来后要做的第一件事就是，如何充分利用这一整天的时间来做有意义的事情。如果要想取得成功，那么每一分钟、每一秒钟都不能虚度。不管做什么工作，都应该珍惜每一秒钟。

迪恩·阿尔福德曾经这样说过："时间的价值并不是一成不变的。有时候，关键时刻的一秒钟，要比平时的一年更有价值。一般来说，时间与收获并不成正比。也许有人用了一年的时间去做一件事，结果却没有做成。同样做这件事，别人可能只用一个月就足够了。"

人生苦短，我们要想取得成功，就必须学会合理运用有限的精力。首先要制订一个切实可行的计划，然后集中精力去完成它。古往今来，每一个成功人士都是懂得对自己有限的精力善加利用之人，他们时时都在思考如何使利益最大化。这使得他们处事镇定、谋而后动,从而避免在人生道路上走冤枉路。

时光飞逝。我们千万不能把精力和时间浪费在毫无意义的事情上面。我们要充分地利用每一天,为了梦想而努力奋斗。我们的生命非常短暂,如果什么也不做,只是盯着时钟看,那么我们什么也无法得到。我们要充分地利用每一秒钟去追逐自己的理想。

## >>> 机会青睐有准备的头脑

天赋是上帝赐予的，其他人再如何努力也注定无法取得成功，这种观点普遍存在于年轻人之间。然而，在成功面前，我们每个人都是有机会的，在上帝眼中，众生皆平等。但能不能抓住这个机会就因人而异了，因为机会只给有准备的人。至于那些整天不停抱怨之人，他们即使遇到机会也抓不住。不要因为自己能力差而觉得成功无望，我们完全可以通过后天的努力来弥补能力上的不足。可笑的是，有些人不明白这个道理，他们因为自身能力的不足而自暴自弃，在困惑、徘徊中得过且过，这样当然不可能会成功。

在惨烈的车祸现场，一名英国男孩被一辆汽车从身上压过。他的动脉已经破裂，鲜血源源不断地涌出来。所有围观者都被这一幕情景吓呆了，只能眼见着男孩在死亡边缘苦苦挣扎而无力相救。这时，阿斯特利·库帕出现了，他用自己的手绢牢牢扎住男孩的伤口。男孩总算不再流血，保住了一条性命。围观者见状，纷纷赞扬起库帕来。正是这种赞扬使得库帕立志要成为外科医生，尽管外科医生这个行业在当时并不为人所知。

阿诺德曾如此描述库帕："年轻的外科医生终于等到了幸运之神的降临，成与败就看他能否抓住这次的机会。在这次至关重要的手术之前，他一直专注于学习与实验，做好了充足的准备。对于成功，他已经历了太漫长的等待。然而，这次的机遇来得太突然了。因为那名出色的医生不在，便由他临时替补。他甚至连犹豫的时间都没有，因为病人的情况实在太危急了，随时都有可能离开人世，因而绝不允许他有半分迟疑。他能够完全代替那名出色的医生，将手术顺利做完吗？假如答案是肯定的，那他便会成为一名优秀的外科医生。眼下他与成功的机会相视而立，是勇敢上前，抓住这个机会争取最后的成功，还是胆怯退缩，放任机会白白溜走？结局完全由他自己掌控。"好在库帕已经做好了充足的准备，所以他才有能力应对这一意外状况，同时也抓住了一次让自己成名的机会。

要应对事件发展过程中可能出现的各种意外状况，就必须要在事件开始之前做好充足的准备，储备好足够的知识与能量。年轻人切记不要在能量储备不足时就将那些艰巨的任务揽上身。这样做对你没有任何益处，只会造成精力的巨大浪费，并有可能使你错失其他成功的良机。一名出色的学者说过："假如我只能活十年，那我会用前九年的时间积攒能量，最后在第十年爆发。"

机会只给有准备的人。建造房屋要先有图纸，修建铁路要先打牢地基，雕刻艺术品也要先勾勒出整体轮廓，一切事情的成功皆离不开周密的计划与准备。

法国伟大的文学家巴尔扎克曾花费整整一天甚至一周的时间来斟酌某个字句的用法是否妥当。可是如今，有些不受读者欢迎的作家，却只是一味地感叹巴尔扎克取得了举世瞩目的文学成就，并觉得非常诧异，却没有反思自身的原因，更没有深入了解他的苦心孤诣，这种肤浅的作家永远都想不出自己的作品因何得不到读者的欢迎。成功需要提前做好充足的准备，需要我们投入全部的精力，它并不是轻易就可获取的。在做好了成功的准备以后，才有成功的可能。

英国文学家狄更斯从来不会在没有准备的前提下对读者发表演说。他在公众面前发表的所有言论，都是建筑在材料准备充足、确认无误的基础之上。所以，不管做什么事，我们都要做好充分的准备，竭尽全力将其做好。

人们要想成功，就必须先做好准备。要认清自我，对自己的性格能力等作出全面客观的评价，从中找出缺陷与不足，并积极采取行动进行弥补，不断提升自己的才能，为日后的成功做好充足的准备。

"他因准备不充分而败得一塌糊涂。"很多失败者的墓碑上都刻着这样的话，刚踏入社会的年轻人应该以此为戒。现实生活中有很多人正是由于准备不充分，导致做事时异常吃力，最后以失败告终。尽管他们才华横溢并且努力付出，也换不来最后的成功。

提前做好准备，日后迈向成功的道路会轻松很多。这就像秋天果实的丰收，离不开春天辛勤的播种。

时刻都在为成功作准备的人，他们将来必定会成功，这一规律在任何情况下都适用。他们即使身处困境也不自怨自艾，反而会抓住一切机会来获取知识。这些人往往前程似锦，他们对待生活的态度乐观向上，走在路上总会用心汲取对自己有用的信息。

要想获得成功，还需要对事件作出完整的规划，并积攒起足够的力量。托马斯·金曾说，让自己学会积攒力量的导师是加利福尼亚的一棵树。他这样形容那棵树："面对着那样高大的一棵树，我甚至连仰视它都不敢。它内部潜藏的能量极为强大，让我深深为之震撼，心潮起伏，难以平复。它能生长到现在的高度，必然经过了长年累月的能量积累。它自肥沃的土壤中汲取充足的养料，自大自然的降水中汲取充沛的水分。它的根系深植地下，日日夜夜吸取着成长所需的各种养分，最终使自己长成了如今的参天大树。"

意志坚定、处事果断的年轻人更有希望成功。在工作上，他们总会提前制订好计划，即使在执行的过程中遇到挫折也不气馁，反而把它看做上天对他们的考验。这种处事方式也同样适用于日常生活。我们凡事都应该提前做好准备，然后有条不紊、坚定不移地做下去，专心投入其中，不受闲言碎语的影响。

扪心自问，你是否已经准备好要迎接机会的到来呢？

## >>> 集中精力做好一件事

亨利·比彻曾被人这样追问："你能获得今日的成就，最主要是依靠什么？"亨利·比彻笑道："很多人在做事时，往往要做两三次才能成功。而我不管做什么事，都会竭尽全力，争取做一次就成功。所以，我做事的数目少过很多人，但效果却比他们好。我成功的秘诀就在于此。"

这样的做事方式非常值得我们借鉴。要使一件事成功的可能性达到最高，就应该集中所有的力量去做这件事。当这件事成功完成以后，再开始做另外一件事。这样能最大限度地发挥我们的才能与精力，不会造成不必要的浪费。集中精力，一次只做一件事，这就是无数商务名流的成功之道。

要想事业有成，就必须全身心投入工作。无论你此刻的工作是什么，只要你还在这个岗位上，就要集中精力把它做好，永远不要为自己的懒惰找借口。在工作上努力付出，会为你赢得肯定，进而实现你的价值。要想令工作事半功倍，培养好习惯很重要。做什么事都应该讲求效率，切忌三心二意，消极怠工。

　　要想在短期内收到最佳成效，必须试着把所有精力全都集中于一处。几天前，有位年轻人写信告诉我他要去学习法律，但他想先做完另一件事。这是一种完全错误的想法。很多出色的年轻人之所以最后一事无成，正是因为有这种不好的习惯及想法。他们把自己一直从事不喜欢的工作的原因归咎于运气不好，并对此心存抱怨。他们总幻想着中意的工作机会自己送上门来，从此过上幸福完美的生活。然而可悲的是，他们在这种等待中蹉跎着岁月，一生的时光转瞬即过，至死也没有等来想要的结果。有想做的事情就应该立即去做，否则只会让机会溜走。做事拖拉的惰性会使人无法将精力集中在一个点上，最终什么事都做不好。始终拖着而不去做，这其实是一种慢性自杀，可惜这些人并未领悟到。工作经验的积累就如同滚雪球，会越积越多。当你不能集中精力于同一件事，总是更换着手中的雪球，那么你永远也不可能得到能带来非凡成就的大雪球，而只能面对一堆小雪球。因此，我们要想积累丰富的经验，使事情做起来得心应手，就必须学会把精力集中于一点，全神贯注地去为之努力。

我们应懂得珍惜时间,因为它非常有限。人会随着时光的流逝而变得慵懒懈怠。热情与勇气可以促进事业的成功,每个人在刚参加工作时都具备这种精神,我们应将这种精神充分利用在某一个点上,从而获得成功。

有一句忠告,最适合送给那些做事不专心、总是三心二意之人:站到最适合你站的地方去。

想在方方面面都有所收获之人,最终将在任何方面都毫无成就。青春短暂易逝,过后便如同花儿般枯萎,所以我们应好好珍惜自己精力充沛的青春时光,努力培养温厚的性格及优良的品质。这会为我们日后的成功之路积累下充足的资本。浪费自己的精力是世上最可悲的事情。

有所长的人才有希望成功,这个道理人人都懂,但很多人却没法集中精力去学习一种对自己有利的特长。他们东学西学,总在无用的事情上浪费精力,结果一生碌碌无为。

我们应该学习蚂蚁把精力集中于一点的精神。蚁群在遇到大颗的食物后会齐心协力将它运回洞中,而不是就地分食。它们忍受着搬运过程的艰辛,不把食物搬回家绝不放手。蚂蚁的故事告诉我们,只要集中精力、坚持不懈地去做事,就一定会有好的结果。

最快达成目的的方法，就是集中精力在这一目的上，明智之人都会这样做。

很多人在看到果农剪掉主枝以外的枝条时，为之感到可惜。其实，果农这么做是为了使果树结出更多的果实。因为这些枝条会夺取果树的养分，使果树营养不良，结出酸涩、难吃的果实。一旦这样，自己一年的辛苦就白费了。

经验丰富的园丁也经常剪掉大量即将开放的花蕾，这样做岂不是会少许多美丽的花朵？其实，这样做是为了让养分更好地集中到剩下的小部分花蕾上，使这些花蕾最终绽放成最珍贵、最稀有、最明艳动人的花朵。

世事都是相通的。我们应该像培养花朵一样做人，集中精力于一点，尽最大努力去拼搏、奋斗，这样才能取得满意的收获。

我们必须先把心中杂念如同剪枝般清除干净，才有可能取得某个方面的成功。伟大的领袖、英雄、科学家都有一个共同点，他们都是做事专注、会将全部精力集中于一点的明智之人。他们会坚持不懈地做着自己最喜欢的事情，而将所有无用的想法果断舍弃，最终成就一番伟业。

很多人并不是输在能力不足上面，他们只是在做事时没有集中精力、全力以赴。他们把精力花在一大堆无用的事情上，浪费了宝贵的时间，并且毫无收获。要想获得极大的满足感，他们就必须学会集中全部精力去为一件事而奋斗，只要能坚持下来，就能得到惊人的收获。

一把锋利的刀即可抵过很多钝刀，我们与其费力学习十来种本领却杂而不精，不如专心钻研一种职业技能。有一技之长之人，他们时刻都在想着如何完善自己的职业技能，完全专注于自己的特长，做事总是尽全力追求完美。而那些自认为拥有诸般本领之人，他们的大脑被太多事情占据，无法专注地去做一件事，因此，他们即使能将事情做完，取得的结果也不可能完美。

当今社会竞争十分激烈，我们要想站稳，就必须得有一技之长傍身。而只有集中精力于一处，全心全意地去做事，我们才能顺利地取得事业的成功。

利用好自己的精力，不要将其浪费在无关紧要的小事上，这一点对人们的成功至关重要。可惜，在生活中却很少有人能做到这一点。大部分人的精力就如同漏水的大坝，白白流失的占据了大部分，推动水轮机运转，也就是用来工作的只占了极少的一部分。人们大半的精力都被坏习惯耗光了，诸如无法集中精力，神经过敏，消沉悲观，恐慌不安，等等，都将对人们的精力造成巨大的浪费，严重阻碍了其通往成功的道路。

任何人如想取得成功，都必须将全部精力集中于一点。若是三心二意，同时兼顾多件事，便会对人们的精力造成难以想象的巨大浪费。没有人长着三头六臂，有能力在同一时间处理好多件错综复杂的事务。因而，要避免造成精力的浪费，最好的方法就是事先制订好妥善的行动计划，按照计划展开高效的行动，争取在最短的时间内实现预定目标。没有人不想早日登上成功的高峰，所以，集中精力，高效做事，便成了所有人都应坚持的做事方式。

年轻人在找工作时，需要综合考虑自己的理想、个性和优势，以求找到一份适合自己，值得自己长期为之奋斗的工作。做到这一点以后，便可以心无旁骛地为这份工作倾注自己的全部心血。在认定了一项工作以后，便不要再顾盼左右，除非你真的觉得这份工作不适合自己，并且清楚了解更适合自己，更有利于自己发展的工作到底是怎样的。要是对于那份更好的工作，你并没有完全的把握，结果却冲动地选择了辞职，这种行为显然非常不可取。只有当你对一切有了一定把握时，才能作出最理智最正确的决定。

近来，有报纸登出了一则报道：有一家大型公司的总经理，收到了两家顶级银行抛出的橄榄枝，邀请他兼职担任本银行的高级主管一职。然而，出人意料的是，这名总经理却同时拒绝了他们的邀请。对此，很多人感到不解，觉得他浪费了两个这样的大好机会实在可惜。其后，总经理在接受采访时，说明了自己作出这种选择的理由："我要获得事业上的成功，就必须集中所有精力，朝一个目标进发。若是将自己的精力分散于多项工作，毫无疑问，等待我的只有失败。"这名总经理是真正有大智慧的人，他深切领悟到：要取得最大的成功，必须要持之以恒地集中精力做同一件事。

许多人一生都无所期待，尽管他们工作很努力，却得不到理想的成绩。因为他们在做这份工作时，心里却一直在向往着另一份工作。这种不够专注的工作态度，让他们在不知不觉中丧失了许多积极进取的动力，最终造成了这种尴尬的现状。

一个将意志力分散于多件事的人，在陷入困境之时，不可能有足够的意志迎难而上，争取成功。而坚强的意志力恰恰是成功的关键所在。一个才能再出众的人，意志不够坚定，也是徒劳。成功反而会对那些资质平平却意志坚定地将同一件事做到底的人青眼有加。

人们看到的总是成功者的巨大荣耀,却看不到荣耀背后的坚定付出。若是能将所有精力集中到同一件事上,这个世上没有人会是失败者。若一个人办事缺乏计划与坚持,想到什么做什么,事事浅尝辄止,半途而废,那他永远都不会品尝到成功的滋味。可以说,只要人们能在工作中集中精力,坚持到底,一定会有所成就。

成功者大都是将所有精力集中到同一项工作中,锲而不舍地坚持到底,才成了该领域中的高手的。

# 第五章

**挖掘潜能，不断升级自己的人生资本**

在竞争日益激烈的社会，一个人要想靠自己取得成功，必须具备强大的能力。你首先要思想独立，然后加强自己的进取心、**判断力**、**控制力**，还要使自己变得灵活而又富有智慧，等等。

只有不断地努力提升能力，你的潜能才会被激发出来，你各方面的能力才能得到强化，进而才能走向成功。

## >>> 不断提升自己的判断力

缺乏判断力的人,在做一件事之前总是犹豫不决,花费大量的时间来考虑。他们很难将事情完整地坚持下来,甚至很多时候还没开始就放弃了,很难取得成功。究其原因,是他们缺乏主见,凡事总想征求他人的意见,依靠他人的帮助来解决问题。而这种过程往往会使他们最后忘记自己的初衷,偏离航向驶向失败的彼岸。

有一种机器力量极大,可以把废旧的钢铁压缩成坚固的钢板。有准确判断力的人就如同这种机器,他们同样具有强大的力量。一旦下定决心,任何困难都无法阻止他们,他们必定会成功实现自己的理想。

有位将军就极具判断力。他虽然严肃且不善言辞,但打仗勇猛且战无不胜,犹如驰骋战场的雄狮。他习惯在战前作出周密部署并立刻实施,而他超凡的战略才能总能助他走向成功。

作战计划及实施方案均由他独立决定，甚至他的参谋长也不允许参与其中。他在某地领兵打仗时即是如此。他只向各部队下达作战任务及实施方案，其余的一律不提，他的作战计划只有他的参谋长清楚。

并且，这位将军的行程也完全由自己决定，他不会让人提前获悉。据说在战争中，他曾在早上6点造访卡波城的一家旅馆，发现本该值夜班的军官们全都擅自离岗。他于是找到军官们的房间，无视他们的辩解与求饶，径自递给他们一张纸条，上面写道："今日上午10点乘专车赴前线，下午4点坐船返回。"他没有说话，仅仅通过一张纸条就起到了杀鸡儆猴的作用，在自己的部将面前成功立威。

这位将军拥有坚定的意志，他做事从不半途而废。同时，他为人处世超乎寻常地冷静，不因个人情感而作出不公正的决定，对待下属赏罚分明。因为他清楚自身责任重大，必须得这么做。他最后能够一展抱负、成就伟业，正是得益于自身的这些优良品质。

这位将军从不打无把握的仗。对于任何问题他都会冷静分析并制订相应的计划。同时，他淡泊名利、平易近人。他并不在乎下属对他的称颂，事实上，所有人的称颂他都不在意。

这位将军身上具有成功所需的全部要素。他充满自信、做事专注、极具创造力及判断力，并且能敏锐机警地把握住机会。这些优秀的品质成就了一位纵横沙场、战无不胜的名将，这位将军堪称成功的典范，值得每一位渴望成功的人去学习。

人类的智慧在深陷绝望悲观的情绪中时，往往得不到正常的发挥。要让自己的一生没有遗憾，就必须坚决避免在绝望悲观时冲动地作出决定。不管那一刻有多痛苦，多煎熬，都要坚持下去，否则必将让自己后悔终生。因为正确的决定来自准确的判断力，而准确的判断又来自精准的分析。在你对前程深感绝望，彻底失去理智时，你的才智已经完全发挥不出来了，只能作出最愚蠢、最差劲的决定，引导自己走向失败的深渊。相反，人们在心情舒畅时，往往头脑灵活，思维清晰，对任何事都能作出准确的分析判断，从而能够作出最合理的决定。基于这种情况，一个人在悲观绝望时鲁莽地作出决定确实是极度愚蠢的行为。

很多愚蠢的事件之所以会发生，原因就是当事人判断能力的严重缺失。他们作出的决策非但对事情的发展没有半点帮助，反而促使其走向更恶劣的境况，并在期间使得大量人力物力白白流失。

类似例子在现实中为数众多。不少人尽管才能出众，却因为缺乏准确的判断力，做出了许多不可理喻的蠢事。一个缺乏理智头脑和准确判断力的人，难以令人对其产生信任与敬意。成功的事业对这类人而言，永远都是可望而不可即的。

　　拥有准确的判断力，是赢得别人信任的一个重要条件。在工作中，不管是大事还是小事，都应认真负责地将其做好。很多人之所以会失败，就是因为没有重视小问题，任其不断累积扩张，成为无法挽回的大问题。人们素质的高低，最容易在处理小事时体现出来。一个对小事马虎随意的人，很难成为令人仰望的成功人士。

　　要不断提升自己的判断力，进而赢得别人的信任与尊敬，就应当做好与工作相关的一切事宜，无论事件大小，也无论自己是否感兴趣，都要坚持到底，排除万难，圆满完成自己的工作任务。

## >>> 增强自我控制力

要成为一名间谍，必须要有极强的自我控制力。对于这类人而言，任何小小的失误都可能造成不可估量的损失，甚至会因此葬送自己的性命。有一位间谍，在落入敌人手中后，一直假装又聋又哑，不管对方采取什么手段折磨他，他都强忍着没有露出丁点破绽。敌人无奈地说："唉，这人果然是个哑巴，什么都问不出来，干脆放了他吧！"间谍知道自己有希望脱身了，但在这样关键的时刻一定不能得意忘形，露出半分破绽，所以他还是木然站在原地，一动不动。敌人终于信以为真，说道："这人不是哑巴，就是傻子！"他们最终释放了这名自制力极高的间谍。

《相夫教子》一书中写道：一个连自己都控制不了的母亲，如何懂得教育孩子？家人相处，最重要的是要有和谐温暖的氛围，母亲在家庭之中发挥着至关重要的作用。有个词语叫做"以身作则",在行动中树立榜样远比说教来得更有效。母亲若是自己都做不好,如何还能教育自己的孩子?只有沉着温和、以身作则的母亲才能教育出真正懂事的孩子。

当一个人深陷绝望悲观的情绪中时,是不适合作出任何决定的,尤其是可能会对自己的一生造成重大影响的决定。因为在这种情况下作出的决定往往都是冲动而错误的决定,会使人更加泥足深陷,难以振作。

身处绝望悲观中的人们,在情绪恢复正常之前,根本没有作出正确决定的能力。要证明这一点,最好的例子就是,很多女性会在极度消沉的情况下作出决定,嫁给自己并不喜欢的男人。所以,要避免在这时候作任何决定。

不少男性在事业受挫时,会消极地决定破产。殊不知这种挫折只是暂时的,只要他们不轻言放弃,继续奋斗下去,便可以赢得最后的成功。正在痛苦中煎熬的人们,即使明知这种煎熬终会过去,但他们还是不由自主地作出错误的决定,甚至有些极度脆弱的人选择了结束自己的生命。很显然,人的判断力会在痛苦煎熬中消耗殆尽。

不少人只为了宣泄一时的冲动开始做某件事。詹姆士·波尔顿说过:"在作任何决定之前都应该考虑清楚,切忌鲁莽行事，否则将可能引起不可估量的损失。"乔治·爱略特说："很多女性之所以境况凄凉，起因只是她们一时冲动，作了错的决定。"

很多人不知道，年轻时的林肯脾气非常暴躁，经常为一点小事就怒火冲天。他在意识到这一点以后，便开始努力改善自己的性格缺陷，终于将自己变成了一个沉着冷静的人。他对自己的朋友弗尼上校说："我之所以有现在的成就，是因为在'黑鹰之战'过后，我发现了自己性格上存在的不足，于是不断提醒自己改正，并取得了成功。"真正强大的人，绝不会以冲动火爆的方式炫耀自己的能力。这类脾气暴躁的人也永远不会得到人们的尊敬。

新上任的船长对全体船员说道："从现在开始，我就是这条船的新任船长。作为一名士兵，你们全都要向我这名军官负责，我的任何命令你们都要无条件地服从！"船员问道："那您要命令我们做什么呢？"船长回答说："无论什么命令你们都要照办，而且我可以随时冲你们发火，用一切词汇骂你们！"试问这样一位船长，会赢得民心吗？

战场上的拿破仑，不管对手多么强大，都不会有半点惊慌失态。然而，当他在荒岛上度过生命中的最后一段时期时，却常为一些微不足道的小事情跟哈德孙·罗尔爵士发生争吵,仪态尽失。

还有一个人,虽然他家境贫寒,但他一直勤奋苦读,最终凭借自己的辛苦付出取得了事业的成功及公众的认可。可是,他却犯了一个愚蠢的错误——情绪失控,因此毁掉了自己的努力成果。这就好比一个不按常理出牌的艺术家,不眠不休地在一块上等大理石上仔细雕刻着自己的作品,却突然在快完成时用锤子将其砸毁,然后再找一块大理石重新雕刻。生活中虽然不大可能真的存在这样的人,但肯定存在与之相似的人。

当我们还是孩子的时候,就开始学习控制自己的情绪。在之后的人生旅途中,无论遇上多少坎坷与磨难,这种本领都会保护我们免受更大的伤害。要获得健康的身心,绝非药物所能办到,愉悦平和的心境才是最重要的。长期处于暴躁焦虑的状态,会引发各类疾病,对身体和心灵都造成极大的伤害。

举例来说,要想避免乱发火并非难事,只要将愤怒产生的根源杜绝就可以了。人们在做一些事时,往往不会考虑到后果有多么严重,只顾横冲直撞,无法自控。殊不知你为逞一时之快,肆意发泄怒火,却为自己的一生都留下了不可磨灭的阴影。假如你能彻底杜绝愤怒产生的源头,将自己变成一个胸怀博大之人，就不会出现这样的恶果了。你只需要待人以爱，便可以很容易地做到这一点。到了那时候，你便不会再轻易发怒。这个看似简单的方法，其效果却好得出奇。愤怒的大雨即将来临之际，一缕友爱的阳光便可以将其化于无形，这就是宽容博大的思想所能产生的强大能量。

人们总是喜欢与那些温文有礼的人交往，没有人会喜欢那些焦躁古怪的人。对舒适愉悦的追求是人类的天性，没有人会喜欢去碰钉子、找麻烦。成功之人切忌焦躁。一个没有耐性的人在社会中几乎寸步难行，不管他的才华多么出众，都不能挽回这种颓势，许多人的一生都毁于"焦躁"二字。老板永远不会重用那些缺乏耐性的雇员，只有那些耐心细致、满腔热忱的雇员才会有更多的升职机会。

医生告诫我们要克制自己的脾气，烦躁、狂怒有损我们的身心健康，即使只是一小会儿也不例外。长期处于这种烦躁易怒的状态等同于慢性自杀。因嫉妒成性、暴躁易怒而留下满脸皱纹的女人是最丑陋的，而那些笑容甜美、神态安详的女人，所有男人都喜欢。

有这样一种说法，良好的心态可以使人永葆青春。同理我们可以推断，暴躁的脾气可以毁掉一个人的美貌。的确，怒火中烧的女人是毫无魅力可言的。没人会认为一个泼妇很可爱，她们只会变得越来越丑陋、令人讨厌，即使拥有倾国倾城的美貌的人，也逃脱不了这一下场。暴躁的脾气还会损害我们的身心健康，缩短我们的寿命，无论男女都是如此，只不过在女人身上更加明显。所有的女人都渴望青春、美貌，所以更应戒骄戒躁，因为挑剔成性、尖酸刻薄、暴躁易怒的个性会使你的眼角眉梢爬满皱纹，使你离美丽的标准越来越远。

心理医生认为，人的任何内心活动都可以从脸上找到痕迹，因为人的面部神经十分敏感。即使你刻意隐藏，你的面部反应仍旧会暴露出你情绪的波动，焦虑紧张或者空虚烦躁。在我们的脸上，再细微的皱纹也足以成为发怒的证据，它们并不仅仅只是岁月刻下的痕迹。

轻松、舒适的生活状态是每个男人都需要的和谐生活，这种生活也正是人们所苦苦追寻的。那些暴躁易怒的人是不可能拥有和谐宁静的家庭环境的。他们的脾气就像是火药筒一样极易点着，使得他周围的人时刻处于精神高度紧张的状态，做任何事都战战兢兢、如履薄冰。没有人会愿意跟这样的人一起生活。

阿特穆斯·沃德非常欣赏乔治·华盛顿，并盛赞他是全世界最优秀的人。他曾这样说道:"华盛顿从来不会被情绪困扰,他永远都那样镇定自若,待人以诚。很多伟大的人物都不可避免地走向了失败的结局,原因就是被自己的情绪所困。重压之下,很多人都会焦躁不安,情绪失控。在这种情况下,还怎么有可能获得成功呢?危急时刻,这类人在逃生时见到一匹马,往往都会不管不顾地上马逃生,全然没发觉有只蜜蜂正在蛰这匹马。迟早马会受不住痛,行动失控,将马背上的人摔落在地。面对追捧,这类人往往会得意忘形。可是他们忘记了,水能载舟,亦能覆舟。等到他们失势时,当初追捧他们的人便会见风转舵,一转身便将他们踩在脚底下。但是,这种情况绝不会出现在华盛顿身上,像他这样理智清醒的人,无论顺境逆境,都能以平常心从容处之。"

## >>> 通过各种方式增长学识

所有人都应在每天的工作之余坚持学习。长此以往，日积月累，你所拥有的知识储备将对你的成功大有裨益。不管你现在的生活多么窘迫，工作多么卑微，都不能成为你自暴自弃的借口。

无数成就显著的大商人的职业生涯，都是从小学徒或小职员开始的。他们在日常的工作生活中，无时无刻不在为日后的成功进行着知识储备。此举使得他们一天比一天接近成功。

这些人永远都在勤奋工作，不管工资是高是低都不会影响他们对工作的热忱。结束了一天的工作以后，他们也不会闲着，会找各种各样的机会继续学习，例如到培训机构参加技能培训，通过阅读进行自学，等等。长年累月的坚持与付出，使得他们拥有了足够的成功资本，最终功成名就。人们掌握的知识越多，能力也就越强。知识渊博之人往往多才多艺，每天都过着充实快乐的生活。

我们要增加自己的知识储备，便需要不断地向周围的人学习。"三人行，必有我师焉。"不管对方是什么身份，总会掌握一些我们需要但尚不具备的知识。一个人能够成功，与他的教育水平没有必然的联系，成功更多的是依靠自学。只要人们有进取心，对成功有着强烈的渴望，便能通过自学获得成功。要想提升自己的社会经验，不妨向那些社会经验丰富的人请教。他们所受的教育或许并不多，但这并不妨碍他们对社会经验的把握。

我们要向印刷工人请教印刷技术，向农民请教播种收割的方法，向泥瓦匠请教修建房屋的技巧。只有将获取知识的途径拓展到各行各业，才能让自己真正成为博学之人。这种人会在别人掌握的一系列知识中，遴选出自己所需的部分，并将其融会贯通，真正变成自己学识体系的一部分。通过与不同行业的人交往，不仅能够学习不同方面的新知识，而且能够拓展自己的兴趣爱好，开阔自己的胸怀，让自己变成真正的强者。这样一来，日后不管遇到什么情况，都能从容处之。

现代社会人们有一种共识，只有受过高等教育的人才能有所成就。那些因为经济原因不能接受高等教育的人,便会笃信自己这一生不管怎样努力都不可能取得什么成就。这显然是一种非常错误的观点。一个人若有着极为强烈的进取心,坚持不懈地奋斗到底,那么不管他是否接受过高等教育,都可以成就一番伟大的事业。所有未曾受过高等教育的人都应尝试自学成才。在现实生活中有不少人的文凭就是靠自学获得的,其中有些出类拔萃者更成为了学富五车的教授。许多伟人也没受过高等教育,连中学都没读过的伟人也不在少数,然而,他们的成就又有谁能否认?所以说,接受高等教育并非成功的必要条件。

没有接受高等教育的机会固然可悲,但更可悲的是没有受教育的机会又不愿自学。有一位历史学家,所有跟他打过交道的人都认为他的受教育水平一定非常高,因为他的学识简直太渊博了。可事实却是,他所有的知识都是通过自学在书中得来的,而他的受教育水平却连小学生都不如。他从小就对历史和名人传记很感兴趣,阅读了大量的相关书籍。成年后,他开始写作。因为教育程度有限,他对文法不够精通,但这并不妨碍他创造出自己独特的写作风格,这便是他长期坚持阅读带来的结果。事实证明,人们通过自学,同样可以取得成功。尤其是现在有大量指导人们自学的书籍面世，给无数受教育程度不高的人带来了福音，大大增加了他们成功的可能性。

要增加自己的知识储备，在工作之余去参加函授培训也是一种不错的选择。不少早早离开学校走向社会的人，正是在函授培训的过程中完成了自己的知识储备，最终赢取了事业的成功。

在社会上还存在这样一个认识误区：人们最好的学习时间就是在年轻的时候，当这段时间过去以后，再怎么学习都是徒劳无功。这是一种完全错误的认识，学习是人类的终生事业，只要人们还活在这世上，就需要不断地学习。只要人们能将自己的闲散时间利用好，不放过一点学习的机会，就可以最大限度地积累知识。

只要你肯去争取，不管处在什么年龄段，都有机会继续接受教育。中年人的头脑往往更加理智清醒，明白时间可贵，所以他们往往比年轻人更擅长学习，绝不浪费一分一秒的学习时间。很多人在青年时代贪图玩乐，一事无成。人到中年以后才幡然醒悟，奋起直追，终于取得了不小的成功，使自己一生无憾。

可以说，只要你愿意，随时随地都可以接受教育。因为整个社会就如同一所学校，所有待在里面的人都能有所收益。要增加自己的知识，让生活被幸福与满足感充斥，便要养成热爱学习的好习惯，坚持读书，每天进步一点点，时间长了，才能有大进步。不断积累知识，一有时间便对这些知识进行反刍，如此反复，才能真正将其吸收，纳为己用。所有想要成功的人，只要纵身投入知识的海洋，不错过分分秒秒吸收知识的时机，终有一日会赢得辉煌的成功。

不少人抱怨自己没空儿读书，这显然是个荒谬透顶的谎言。只要人们能合理安排自己的工作，便会找到很多空闲时间，不管多忙的人都会有空儿读书。节约时间最好的方法莫过于对自己的工作作出最合理有效的安排。不少家庭主妇说自己忙得连看报纸的时间都没有，但事实上，若她们能够对家务活作出合理的安排，让一切井然有序地运行，那么自然会留出很多属于自己的时间。

不管一个人有多忙碌，总能找到闲暇时间。对知识与进步强烈渴求，会驱使人们利用一切闲暇时间通过读书等学习方式充实自己。时间总是能挤出来的，只要你的意愿足够强烈，总能想出节约时间的法子。

我有一位朋友，年轻有为，现在已是哈佛大学终身教授。

提起他，周围的人赞不绝口。无论是他的人品还是学识，让人挑不出半点瑕疵。他的天分并不见得比别人高，之所以能有今天的成就，完全是长年累月坚持学习的结果。他时常会因为工作的关系出差，可是不管到哪里，他都会带上几本书。书的类别多种多样，有本专业的，也有其他专业的。在火车、轮船等交通工具上，只要有空儿，他就会拿出书来读上几页。他能够在同龄人中间脱颖而出，赢得德才兼备的美誉，正是源自这种持之以恒的坚持与累积。

千万不要忽视生活中那些零散的闲暇时间，这位年轻教授的成功资本正是利用这些看似不起眼的闲暇时间积攒起来的。可惜大多数人却没有他这样的智慧，白白浪费了宝贵的时间不说，还在这期间染上了不少恶习。

未来的成功者，会充分利用日常的零散时间，坚持学习，不断进取。要对一名年轻人的前程进行预测，不妨看看他在闲暇时间都做了些什么。

不少人存有一种错误的思想：他们不愿意攒钱，是因为薪水太少，不管怎样省吃俭用都攒不下多少钱来；他们不愿意读书，是因为闲暇时间太少，不管怎样利用都不能学到很多知识。在这两种想法的支配下，他们一不攒钱，二不读书，最终一事无成，一无所有。所有人都应摒弃这两种错误的思想。我们一定要相信，点点滴滴的累积，会为我们带来意想不到的成果，正所谓"不积跬步，无以至千里；不积小流，无以成江海"。

在现代社会，人类越来越重视知识的力量。在激烈的社会竞争中，人们若不能及时更新自己的知识储备，便要面临被淘汰的危险。

许多人都妄想不费吹灰之力，一下子就取得成功，可是这种妄想永远都变不成现实。欲速则不达，所有成功都需要经历漫长的积累过程。我们要想最终将成功握在手中，就要坚持不懈地付出努力，在点点滴滴的积累过程中，获得充足的成功资本。

知识是人们走向成功的领路人，世界上再没有比知识更宝贵的东西了。然而，令人遗憾的是，如今有很多年轻人懒惰成性，荒废了大好的青春年华，却断然不肯学习，进而汲取成长所需的知识养料。

在贫穷落后的古代社会，根本没有条件建设很多图书馆。然而，当人类社会发展到今天，每个人都应该在家里准备一书架的书，这是维持所有家庭成员身心健康的一大保障。

如此一来，整个社会也可以更加和谐有序地运行。要给孩子们创造更多读书的机会，便需要在家里摆放很多书，让他们可以在不知不觉间养成热爱读书的好习惯。这样，比起同龄人，他们将会有更多、更全面的知识储备。

当然，并不是所有的书都会对人们的成长有好处。在读书的过程中，一定要选择那些有利于自身健康成长的书。

那些真正有智慧的人，在很小的时候就已经知道了怎样去选择适合自己的书。他们到处寻找自己感兴趣的书，找到以后便手不释卷。爱读书，读好书，这将对他们日后的发展大有好处。

身为耶鲁大学的校长，海得雷曾在演讲中说道："政坛与商界的很多领导都曾跟我说过，那些受教育程度高，专业知识储备丰富，同时又擅长选择性阅读，对知识能够活学活用的人，才是他们迫切需要的人才。"试问如果一个人家里没有很多的藏书，他如何有能力在汪洋书海中找到自己真正需要的那一本，进行有效的选择性阅读？

哈佛大学的前任校长爱略特说："每个人都应培养爱读书，读好书的好习惯。这种习惯会带来什么好处，也许你现在还看不出来。但是，等到20年以后，你就会为自己从书中得到的巨大收获而惊叹。

## >>> 突破思维定势

在很多年之前,楠塔基特岛除了有几条非常难走的小路外,没有一条宽阔平坦的大路。但让人感到意外的是,在很多地方都贴着这样的告示:"试着去探索一条新的道路吧!"很多人不理解这句话是什么意思,有一个作家解释说:"这句话的意思非常简单,它是想告诉世人,不要走别人走过的道路,而要努力去探索一条别人没有走过的道路。如果真能够这样做的话,就能够获得意想不到的收获,同时还能为后人提供方便。"

如果一个人的思维形成一种定势,那么他就会非常被动,思想便得不到更新。时间一长,他的生活和工作都会受到影响,他本人也会像其他人一样平常。大脑需要不断地得到锻炼,一个人如果停止思考活动,那么很快就会变得麻木、愚钝,工作将很难取得进步,人也会不思进取,如此一来,他就再也无法进步了。要想不断进步，必须不停地超越自我才行。与此同时，还需要对自己的行为进行反思，对成功的经验进行总结，发现自己的缺点并加以改正，那么他就会越来越聪明。

当面对一项工作时，假如我们的才能在其中难以发挥，便需要进行逆向思维，从对立的角度思考解决办法。要培养科学的思维方式，最大可能地成就一番事业，就要不断弥补自己的缺陷，让脑细胞得到全面均衡的发展。

思维习惯好的人将会度过一个愉快的人生，因为他们总是满怀憧憬地对待生活，而那些对生活充满抱怨的人感受不到生活的美好。如果你觉得自己是世界上最悲惨、最不顺心的人，那只是因为你看待世界的心态有问题，导致一切在你眼中都扭曲变形了。当我们对工作全情投入时，就没有精力再去纠结、抱怨了。当你的人生迈上更高的台阶后，你将获得更加开阔的事业。我们应该积极乐观地投入到奋斗中去，努力实现自己的理想。

很多拥有错误的思维习惯的人，几乎看不到生活的美好之处及人性中善良的一面。一切在他们眼中都已扭曲，他们总爱在鸡蛋里挑骨头，凡事都是一副冷嘲热讽的态度。这些人终日只会感觉到怨恨、恐惧、愤怒和忧虑，再也没有其他的感受。

他们的内心充斥着邪恶、粗陋的念头,他们用厚实的城墙将自己与外界的一切美好事物隔绝开来,过着异于常人的生活。这堵高大的城墙使他们离外面的世界越来越远,过着既阴暗又枯燥的生活,感受不到灿烂的阳光、清新的风和馥郁的花香。

司格洛奇是狄更斯的小说《圣诞颂歌》中的人物。他活到晚年时,变得视财如命、小肚鸡肠,他贮藏的一堆金子成为他生活的全部。可是,就是这样一个人,最终却变成了一个既和善又大方的人。这种事情在现实生活中也有可能发生,只是一般人都因为有了思维定势所以想不到这种情况也会发生而已。

我们的生活理念决定了我们的性格,而我们的性格又决定了我们的命运。一个人的生活理念很大程度上决定了他的生活方式。我们都在根据自己的生活理念选择我们的生活方式以及人生走向。没有追求的人,他们的生活品味也高雅不到哪里去。而那些有着远大理想的人,他们即使过着普通人的生活,也会有明确的生活方向,在这一前提下去努力改善生活,他的生活一样会变得五彩缤纷。

《闲话集》里提到:人生在世,不是为了单纯的物质享受,而是要活得有价值、有意义,对社会对他人作出应有的贡献。一个对社会毫无贡献的人,与死了又有什么区别?这个道理有些人在20岁时才领悟到，有些人更迟，在30岁时才开始有所领悟。那些在步入老年时方能对此有所认识的人，则悔之晚矣。最糟糕的是，有的人因为受思维定势的束缚，一辈子都没有意识这一点，当他们活着的时候，就已经死了。

埃米尔·左拉的小说中有这样一个情节：两名女工同在巴黎的一家洗衣店里工作。有一天她们在工作之余闲聊起来，讨论要是拥有了1万法郎该怎么花。最终她们得出了这样的结论：有了1万法郎以后，就可以马上停止工作了。

生命是美好的，同时也是短暂的，我们怎么能让思维定势影响到生命的质量呢？让生活变得多姿多彩吧！不管你是干什么的，只要你能够吃苦耐劳，奋斗不止，那么成功就会降临到你的头上。不过，有一点要特别注意，那就是要不停地往自己的大脑里装东西，这样才能跟得上时代发展的步伐。不然的话，固有的沉旧腐朽思想就会充斥在我们的头脑之中，限制我们的发展。

## >>> 贫穷不能阻止人们成功

一名英国作家曾这样感慨美国历史："许多美国历史上赫赫有名的大人物，都出生在贫穷的黑屋子里。"如果你对此质疑，那么不妨看看下列名单：林肯、格兰特、洛克菲勒、比彻、爱迪生，等等。这些名人全都在贫穷的乡下出生，他们之所以能成就伟大的事业，完全靠自身的勤奋与努力。

政治家威博斯特在美国西部旅行时，不期然与当地一位农场主聊起来。农场主不住声地夸赞本地丰盛的物产，并问威博斯特："你们新英格兰什么物产最为丰盛？"威博斯特不卑不亢地答道："我们没有丰盛的物产，只是盛产人才！"纵观美国历史，大多数总统都出生在乡下。当然了，也不排除例外，老罗斯福就是一个特例。他自幼生长在城里，凭借傲人的天赋与能力获得了举世瞩目的成就。

本地最成功的人往往来自偏远地区，很多特大城市中普遍存在这种怪异的现象。反观土生土长的本地人，却多数一无所成。盖文特说："堂堂一个纽约，走出的成功人士居然屈指可数，真是匪夷所思！"现在生活在纽约的所有成功人士之中，自幼生长在贫穷的乡下的占据了九成。除了纽约，类似现象还出现在了巴黎、柏林、伦敦这些特大城市。这告诉我们，在城市中长大的孩子，其才能往往不比在乡下长大的孩子更强。

对此，一名作家曾专门进行过一项调查。他随机抽取了40名成功人士作为自己的研究对象展开调查，最终得出这样的结论：这40人中，来自乡下的竟高达22人，其余有10人来自小镇，在城市中长大的仅有8人。这样的结论令很多人大吃一惊，然而更叫人惊诧的是，来自乡下的这22位成功人士中，接受过正统教育的仅有3人。这项调查还表明，抛开出身的差异，这40位成功人士有一个共同点，那就是他们全都在16岁左右开始在城市中独立生存。

人才不断由乡下涌向城市，为城市的发展进步提供了新的动力。我们的城市之所以能有今天这样欣欣向荣的繁荣景象，离不开这些才能出众的乡下原住户的努力奉献。

对孩子们而言，生活在乡下要好过生活在城市。城市的孩子们清早一开窗，映入眼帘的就是灰蒙蒙的天空，呼吸到的全是肮脏污浊的空气。而农村的孩子们每天都能看到蔚蓝干净的天空，呼吸着纯净的空气。他们在一望无际的原野上，自由自在地锻炼身体，放飞心灵。他们亲自动手，学习修理农具和玩具，在这个过程之中，学到了很多书本上无法学到的实践知识。乡下能为成功者提供很好的成长环境，这一点毋庸置疑。

在乡下长大的孩子们，无疑是非常幸运的。田间的劳作赐予了他们勤劳的双手和强健的体魄，更培养了他们敏锐的思维和迅捷的反应能力。他们与大自然亲密接触时间长了，人格也逐渐与大自然趋同，变得越来越质朴，越来越美好。成长在城市中的孩子们，永远都无法培养这种自然纯朴的品质。与城市中到处充满了枯燥的人造建筑物不同，乡下除了人造建筑以外，更多的是自然景物。孩子们可以从无边无际的原野，飘逸潇洒的云彩，变化无端的四季景致中，领略到无数深刻的人生哲理。高大起伏的山脉，险峻巍峨的峭壁，肆意流淌的河流，无一不在诉说着发人深省的话语，叮嘱孩子们要如它们一样宽厚、温和、博大、坚定、洒脱，让孩子们逐渐培养起纯洁高尚的人格。另外，乡下无处不在的动物们也在向孩子们默默传授着道理。乌鸦反哺、母牛舐犊等现象终日发生在孩子们眼前，借着活生生的例子向他们展现伟大的爱之力量。

自幼生活在乡下的孩子们，从来不缺少动手实践的机会。自然界的种种现象对他们而言，早就司空见惯。通过人们的努力付出，花儿在贫瘠的田地上破土而出，庄稼在荒芜的田野上得到收获，木材自崇山峻岭间被源源不断地开采出来。这些由人类亲手创造的奇迹，让孩子们自小便明白了自己动手丰衣足食的道理。他们清楚地观察到花儿盛放的过程，果实成熟的过程，动物繁衍的过程，植物生长的过程，以及人们对它们的利用过程。孩子们明白，所有这些成果，都是人们在大自然慷慨施与的前提下，通过勤奋劳作得来的。在懂得了这个道理以后，孩子们便会时刻心怀感恩，勤勤恳恳，踏踏实实地用双手与智慧创造属于自己的未来。

当然，乡下也并非十全十美。提到乡下，很多人都会联想到"贫穷"二字。一些乡下的孩子渴望能到城市中生活。他们憎恶乡下，觉得在那里完全不能施展自己的才能。他们热切盼望接近梦想中的城市，因为城市可以提供给他们更好的获得成功的机会。那里充斥着条件优良的学校，汗牛充栋的图书馆，实力雄厚的企业，设施齐全的实验室。无论是学习还是工作，城市无疑都是更好的选择。在这些孩子眼中，城市遍地都是机遇，只要身在城市，成功便唾手可得，反观乡下带给他们的则只有无尽的绝望。

这种想法其实存在很大的偏差。事实上,很多乡下的孩子后来之所以能取得惊人的成就,正是因为受到城乡之间经济条件的巨大差异的刺激。生活在乡下的孩子们必须要相信,自己现在正在承受的贫穷生活,实际上是在为日后的成功积累资本。这方面的缺失,势必会在那方面得到补偿,上帝对每个人都是公平的。自幼经济上的匮乏,日后会得到健康、智慧、美德等作为补偿。历史上无数伟人之所以成就显赫,正是自幼在乡下长大的经历造成的。乡下的孩子们应当相信,自己是天之骄子,终有所成。眼下的一切困难,都是上帝对自己的考验。充分利用自己的信念与智慧,将这些困难一一克服,到那时自己将毫无阻碍地走向成功。

人世间成功的机会五花八门,成千上万。只要自己有充足的能力,总能找到发挥这种能力的职位。关于这一点,所有人大可放下心来。从现在开始,我们应将一切精力全都集中于对自己能力的培养上,方能在机会到来之际抓紧时机,功成名就。

那些生活在乡下的聪明孩子,一般不会在做好准备之前,就匆匆忙忙跑去城市谋生。他们首先要做的便是不断提升自己的能力。以林肯为例，他在乡下生活的日子里，无时无刻不在为日后作准备。对于自己能拿到手的每一本书，他都会认真阅读。长久的累积，终于使他获得了处理各种复杂情况的勇气、意志与能力。

主教博特曾被问过这样一个问题：年轻人在城市中会得到更多的成功机会吗？博特认真思索了一下，答道："报纸上经常刊登出这样的广告，宣称在城市中取得成功如探囊取物。很多年轻人因此舍弃了乡下的一切，涌入城市谋求发展。其实就算在城市中，如果没有足够的才能与机遇，也不会获得成功。这些年轻人在来之前并不清楚，不是所有人都可以成为成功者，城市中的大多数人都很平凡，只有极少数人取得了成功。尤其是那些刚来城里的年轻人，他们的机会比起其他人更是少得可怜，成功在现阶段对他们而言几乎难于登天。他们之中的有些人，甚至沦落到沿街乞讨的凄惨境地。

"这些年轻人之所以会这样，原因就在于没有自知之明，不了解自己在复杂状况下根本就束手无策。"主教继续说道，"在残酷的竞争中，一定会有不少人被淘汰出局。巨大的生存压力令其中一部分人不堪忍受，选择了走上犯罪的道路或是自甘堕落，乞讨为生。他们满怀希望地来到城市，哪知牺牲了自己的一切，换来的却是这样的结局。这与他们当日的憧憬天差地别，天底下最令人失望的莫过于此！

"城市里确实随时随地都潜藏着机遇，但风险总是与机遇并存的。能充分发掘并利用这些机遇的不会是那些才智平庸、有勇无谋的人。再好的机遇都要遇上才能与意志并存的人，才能得到充分利用。城市从来不缺少失败者，这些人苦苦挣扎到最后，依旧一无所有。在进入一个城市之后，便很难全身而退。不少在城市中惨败的年轻人，甚至付出了生命的代价。就算是那些最终取得成功的人，他们在追求成功的道路上也付出了惨重的代价。日复一日，年复一年的枯燥工作，吞噬着他们原本旺盛的精力，直至将他们完全榨干。城市就像吃人不吐骨头的恶魔一样，埋葬了无数由乡下涌入这里的年轻人。

"乡下的年轻人在刚到城市时，一定要万分小心。最初的适应阶段危机重重，稍有不慎，便会在繁华的城市中迷失自我，走上不归路。他们早已习惯了乡下缓慢的节奏，在作任何决定之前都会有充分的思考时间。城市则刚好与之相反，为了适应城市生活的快节奏，他们一定要反应迅速，面对任何突发事件都能当机立断作出决定。五光十色的引诱在城市中随处可见，一旦身陷其中，便很难再脱身。年轻人们应当坚定意念，洁身自好，自动远离这些诱惑，否则，很可能会走向失败。若刚开始进入城市时没有把握好方向，终日浑浑噩噩，醉生梦死，便会放任无数机遇从身边白白溜走，虚度了大好的青春年华。"

派科斯特是一位杰出的牧师，同时又是一位改革家。在谈及年轻人的事业发展时，他说："在当今社会中，城市的发展前景远没有乡下那么乐观。年轻人在乡下创业，成功的可能性会大很多。如今在城市中拥挤着无数企业、商行，竞争异常残酷激烈，整座城市的环境因此变得污浊不堪，每天都在上演着无数的罪恶与悲剧。我们的城市越来越令人失望，人们来到这里只是为了赚钱。城市中的人们，除了钱以外，其他方面相当贫乏。"

城市并非人们实现理想的圣地，只要肯努力，在任何地方都能取得成功。自幼生活在乡下的年轻人大可不必妄自菲薄，在乡下这片沃土上，同样可以成就一番伟大的事业。

# 第六章

**活出价值,靠的是综合能力和诚信**

一个人实现自己的价值，不仅仅需要能力，还需要诚信，因为诚信是做人之本。诚信之人做事从不遮遮掩掩，并会积极地纠正自己身上的错误。周围的人都毫无保留地信任他，并能原谅他身上的那些缺点和错误。他们之所以能成为出色的人，正是凭借了这种行事光明磊落、待人真诚坦率的优秀品质。同样，那些信誉良好的大公司，仅商标就能价值好几千美元。无论个人还是企业，诚信都是最好的广告，是看不见的财富。

## >>> 诚信带来好运和商机

米拉波说过："要想获得财富，诚实是不可或缺的，因此，每个人都必须努力培养诚实的高尚品格。"

几名印第安人在一家开张没多久的店铺门前逗留良久，却没有买任何东西。几天后，印第安酋长来到这家店里，对店主说："约翰，你这里有什么好货色吗？拿过来让我瞧瞧！哦，这条毯子不错，我要买一条！嗯，这块花布也可以买下来送给我老婆！三张貂皮能换一条毯子，要是我再多买一块花布，那就需要四张貂皮了！"

翌日，酋长带着满满一包貂皮又来到店里。"约翰，我把钱带来了！"他一面说着，一面取出了四张貂皮，接着，第五张貂皮也出现在店主眼前。跟前面四张不同，这张貂皮一眼看上去就不是寻常货色。酋长把它跟其余四张貂皮一起搁到了柜台上。

哪知店主约翰却将其推了回去，他说："这一张请您收回吧，您要的货物只需支付四张貂皮就足够了！"但是酋长并不同意他的说法。购买这些货物到底需要支付四张貂皮还是五张貂皮？两人为之争论不休。在这个过程中，酋长对这位诚实、认真的店主好感倍增。终于，酋长被说服了，他收好第五张貂皮，又望了约翰一眼，随即走到这家店的门前。

"约翰非常诚实可靠，他绝不会欺骗顾客！大家以后尽管放心来他的店里买东西！"酋长对他的族人这样宣告道。酋长发表完这个结论以后，又退回了店里，对约翰说道："要是刚刚你没有坚持到底，收下了第五张貂皮的话，我就会告诉全部族人，千万不要来光顾你的店。不止如此，我还要把你的所作所为公告天下，让所有人都不再来你店里。可是，你最终用行动证明了自己诚实的品行。今后，你这家店必定会顾客盈门！"

酋长所言果然没错，约翰的店铺从此生意兴隆，财源广进。

斯密特是一位荷兰的生意人，有一次，他讲述了一个自己亲身经历过的故事。

我开了一家卖针线的小店，经营得虽然还不错，但总是攒不下什么钱，没法进一步扩大生意。有一天，我听说有人想低价转让一批货，就主动去跟那人谈判，希望可以买下这些货物。可惜，最终因为我出价太低，这桩买卖没有谈成。那人临走时跟我说，如果我的店铺发展得好的话，那么大家以后肯定会有合作的机会。

我没想到他所说的机会竟然那么快就来了。几天后，他又来找我，说："我想把手头上的货卖给你，施密特先生，不知你还有没有兴趣？"我虽然很愿意接下这桩生意，无奈当时的资金不够。我便对他说："我会出3000美金来购买您的货物，我这样说您会信吗？""当然不信！你手头上哪来的这么多钱？"他说。

听到他的答案，我知道自己没必要再隐瞒什么，于是坦诚地说出我现在只有1000美元的事实。说出这样的实情并未叫我感觉难为情，相反我觉得自己这样做远胜过编造谎言欺骗他。

美国总统华盛顿一直是我的偶像，当他还是个孩子的时候，曾因为想试试自己的斧子是否锋利而砍坏了一棵樱桃树。那是他父亲最喜欢的一棵树，为此，他的父亲勃然大怒。在这样的情况下，年幼的华盛顿非但没有逃避责任，反而诚恳地对父亲道出了实情。由此，我一直坚信，一个人在任何时候都不能忘记诚实。

事实上,那人也正是看中了我的诚实,才最终答应与我合作。货物的总价是3000美元,但由于当时我缺少资金,没办法一次付清。那人允许我先行支付1000美金,余下的日后再还给他。他说像我这样坦诚的人,是不会欠债不还的。经历过这件事,我愈发坚定了诚实做人的信念。

美国缅因州有一位农场主,他将自己农场里产出的苹果全部封存到桶里,运到市场上出卖。所有的苹果质量都很好,在运输过程中也没有出现半点损伤,但农场主仍然坚持在每个装苹果的桶上都写下自己的姓名和通讯地址,并且留下这样一句话:要是您购买的苹果出了问题,欢迎随时写信通知我!很快,就有一封信从英国寄到了农场,信的大致内容是对方很满意他的苹果,并期待能与他继续维持这种买卖关系!

爱美斯州长说过这样一席话:"在研究铁锹上花费的20年,是我生活得最快活的一段时光。在那段日子里,不管我去到何处,总有人能认出我来,因为我的名字就是诚信的代名词。那段时间,'爱美斯'牌铁锹的价格20年都没变过。在西部,这个牌子的铁锹甚至用来代替货币在市场上流通。代理商对我们来说完全就是多余的,因为我们的铁锹不需要他们的帮助也可以在全世界广泛销售。我们根本不必做任何广告，就可以使想要订货的人源源不绝地跑来跟我们合作。当然，这一切都是以'爱美斯'牌铁锹的高质量为基础的。也唯有高质量的产品才能赢得顾客'二十年如一日'的支持！"

一个在北非穿行千里的旅客说道："无论在哪个民族的居住地，只要提起'爱美斯'牌铁锹，没有一个人会说不知道。""爱美斯"这三个字就是高品质的代名词。在世界各地，远到非洲好望角，大洋洲的澳大利亚，产自马萨诸塞州的"爱美斯"牌铁锹，都享有极高的美誉。

"乔治·华盛顿制—弗农山"，看似简单的几个字，却成为了西印度群岛诸家港口的免检证明。由于"乔治·华盛顿制—弗农山"的面粉质量绝对有保障，所以任何检查对其而言都是多此一举。

作为洛特希尔德银行财团的创始人——梅也·安赛穆的大名可谓无人不知无人不晓。18世纪末期，梅也·安赛穆居住在法兰克福的犹太街上。在那段时期，他的同族犹太人的地位十分卑微，经常遭到欺压。当时，甚至有这样一条残酷的规定：犹太人若回家晚于一定的时间，将会被判处极刑。当人们连生命都得不到保障的时候，更何谈人格与尊严？但是，安赛穆没有自暴自弃，他下定决心要改变现状，为自己也为族人闯出一番天地。他开办了一家公司，公司的名字就叫做洛特希尔德，在德语中即"红盾"的意思，与此同时，"红盾"也成了公司的标识。这家在当时名不见经传的公司，后来凭借他的诚实守信得以发展壮大，成了欧洲大陆的超级银行财团。

当拿破仑带兵攻来时，兰德格里夫·威廉仓皇逃跑。他在临走前交给了安赛穆500万银币。当时，威廉认定这笔钱肯定会被敌人据为己有，所以他并没寄望日后还能再将钱拿回来。他没有想到，安赛穆竟会冒着生命危险，帮自己把这笔钱藏在了花园的地下。敌人撤退后，安赛穆随即将这些银币拿出来放贷。当兰德格里夫·威廉返回时，安赛穆便将500万银币连本带利都归还给了他。

在洛特希尔德财团的发展史上，从来都找不到半个污点。他们以自己的诚信与坚持，打造了一个价值4亿美金的品牌！

可是，在现实生活中，却有越来越多的人开始慢慢丧失诚实的美德。

一天，马萨诸塞州的健康委员收到了这样一封信，信中引用大量实例，证明人们现在的生活已被劣质商品充斥。信的原文如下："马萨诸塞州的女士们、先生们，有一件至关重要的事要告知大家。尽管健康委员和牛奶检察官都没有调查出异常状况，但已有确切消息证实波士顿及其附近区域产出的牛奶已出现了大量的质量问题。牛奶厂商为了牟取暴利，不惜以次充好，却拒不承认。他们生产的牛奶，是从面包里提取成分制造而成的，任何药品或仪器都无法检测出它与正常牛奶有何区别，一般的顾客就更没有办法了。"

信中交代了假牛奶的制作所需要添加的各种成分的精确数量，按照这个方法，利用奶油同样可以制造出以假乱真的牛奶。

有这样一则意味深长的故事。有四只饥肠辘辘的苍蝇。第一只苍蝇好不容易找到一截香肠，遂忍不住大快朵颐，岂料香肠中含有氨基苯成分，结果它因此命丧黄泉。第二只苍蝇则吃下含有明矾的面粉，白白丢了小命。第三只苍蝇找到的食物是一杯牛奶，猛喝一顿之后，由于牛奶中含有过多的粉笔灰而被呛死了。最后一只苍蝇在同伴们相继殒命之后，终于丧失了求生的意志。它想，反正都免不了一死，那干脆自杀算了。这时，它看到一张湿淋淋的纸，上面写着"苍蝇药"三个字，遂直奔那里而去。它降落到纸上以后，不经意间尝了一口上面的苍蝇药，感觉味道还算可以。它想，既然要死，不如做个饱死鬼，随即放开肚皮，大吃起苍蝇药来。说来奇怪，它越吃越觉得精神倍增，吃饱喝足以后，竟安然无恙。这所谓的苍蝇药，原来也跟香肠、面粉以及牛奶一样，是掺了假的！

一位买卖茶叶的生意人曾跟乔治·安吉尔说过，他从来不允许自己的家人饮用自己所卖的茶叶，因为这些茶叶都不是正宗的，质量完全没有保障。

事实上，不仅仅是茶叶行业，其他行业的商人也是一样。他们为了一己私利，早就将道德抛诸脑后。为了牟取暴利，他们让自己的员工千方百计欺瞒消费者，即使明知自己的货物质量不过关，也照卖不误。"现在市场竞争这么激烈，既然别人都这么做，我们没有理由违背行内的潜规则逆流而上！"那些无良商人们理直气壮地申辩道。

处在这样的大环境中，受着这种无良老板的领导，试问那些无权无势的年轻员工又怎么能坚守原则、洁身自好？事实上，很多定力不强的年轻人就在这种污秽的社会环境中不知不觉被同化了。

我们的社会发展所缺少的人才，绝不是那些为在纽约生产的所谓"爱尔兰亚麻"做推销的人，当然也不是那些耽于美国作坊大量生产所谓"英国羊绒"的青年们。诚实是成为人才的前提条件。一名合格的医生，一定要在详细了解病人的病情之后，才能开出相应的药方。一名合格的政治家，一定要脚踏实地为民众做实事，而非终日沉溺于各种应酬，不分场合地炫耀自己的雄辩与口才。一名合格的律师，一定要将真相摆在最重要的位置，无论如何都不能为了钱财歪曲事实本身。一名合格的牧师，一定要谦虚谨慎、耐心听取不同的声音，而非一味沉醉于虚伪的赞美。一名合格的生意人，一定要做到诚实守信、买卖公平，决不能为追求暴利而弄虚作假、欺骗顾客。要成长为一名真正的男子汉，就必须学会担当，不管遇到什么困难，都要勇敢地面对。在这个社会中，依靠投机取得的成功，永远都只是暂时的。只有通过诚实做人，诚实做事取得的成绩才是货真价实的，才是永恒的。

令人感到欣慰的是，并非所有人都不诚实。

美国著名作家比彻曾经说过："诚实是做人的根本，同时也是做生意的准则。一名成功的生意人，必定也是一个诚实的人。要想获得利益，必须要付出相应价值的商品。若只靠弄虚作假，欺骗顾客来牟取暴利，这样的生意人与强盗又有何异？"

## >>> 习惯的力量是巨大的

一位热衷于研究斯坦福历史的作家讲了这样一个故事:"一个白痴,住在塔楼不远处。他非常喜欢听塔楼的钟声,每日都会在钟响时认真计数。很多年过去了,有一天钟突然坏掉了,可是白痴依然能够说出准确的时间。由此可见,习惯一旦养成,其力量是多么的强大。"

一名传教士因终日大话连篇而声誉欠佳。在被朋友们指出这一点时,他满不在乎地说:"你们的好意我心领了!其实,没有人比我更清楚自己的缺点了,也没有人比我更能感受到这个缺点带来的害处了。我也曾千方百计想要改正这一点,可是没办法,实在是改不了啊!"听他这么说,朋友们也无计可施,只得作罢。

凯穆斯勋爵讲了一个故事:一名离职的水手回到陆地上,在家里建了一座假山。假山的形状和大小跟他曾待过的船舱一模一样，尽管别人觉得这座假山很怪异，但水手却非常喜欢，觉得正合自己心意。

富兰克林到边境巡查防御工程时，由于当地环境艰苦，他晚上便只能睡在地上。一段时间过后，他巡查完毕，返回家中时，发现自己已经无法习惯睡在舒适的床上了。

这类事件罗斯船长及其下属也曾经历过。在南极工作期间，雪地或岩石就是他们每晚的床褥。久而久之，他们已养成了习惯，连捕鲸船上安置的简陋小床都让他们觉得舒服过头了。两名水手上岸去喝酒，之后要乘坐小船回来。他们在小船上划了很久，却一直无法前进。他们于是指责对方不肯出力划船，之后，两人又开始奋力划动船桨，可惜船依然行进不了。这一回，他们终于发现了问题所在，原来小船的锚还没有解开。很多人做起事来束手束脚，正如被锚绑缚的小船一样，他们也被一种看不见的强大力量支配着，这种力量就是习惯。

詹姆士·佩吉特爵士说过，技术纯熟的钢琴家，每秒能够弹奏出24个音节。他们的手指先是弯曲，接着上抬，最后移动，在连续做完这3个动作之后，才能弹奏出一个音节。在做每个动作时，都是由大脑先传出命令，通过神经组织传达给手指，接着再传回大脑。也就是说，钢琴家的手指每秒钟要完成

72个动作，每个动作都要重复上述一系列传导反应步骤。听起来似乎十分困难，但是钢琴家却不这么认为，他们还可以一面弹琴一面闲聊。原因就是，弹奏这些音节对他们而言已经成为了一种习惯，而这种习惯的养成就源自他们长年累月的练习。弹琴对他们而言，已经不需要大脑对自己的行为进行指导，而只是一种自然而然的习惯性动作。这样一来，他们完全可以一心两用，例如在弹琴之余谈天说地。

条件反射也是类似的道理。大脑的指导帮助我们培养出许多习惯性动作，也就是条件反射。我们在做这些动作时，完全是一种下意识，根本不需要思考，从而给大脑留下了思考其他事的时间和空间。

一名老兵一手拿一块牛排，一手提一篮鸡蛋，正走在街上，冷不丁听到一声大喊："立正！"他马上遵从命令，原地立正，全然忘了手里的牛排和鸡蛋，将它们全都摔在了地上。这正是条件反射的结果，还没等大脑传出命令，他的身体就已经做出了这个习惯性的立正动作。

亨利·维克在制造出全世界上第一只准时的钟表之后，将其送给了当时的法国国王查理五世。查理五世很高兴，说道："这只表的时间很准，可惜标注时间的数字错了。"亨利很奇怪："怎么会错了呢？"查理五世说："4写错了，应该是4个I才对！"亨利一听，说道："陛下，是您记错了，我标注的数字是正确的呀！"但是查理五世十分固执己见，他命令道："带着你的表回去，什么时候改好了什么时候再拿回来！"亨利无奈，只得照做。现在我们的钟表仍延续着这个错误，以IIII来代表IV。因为这已成为了一种习惯，即便明知是错的，人们也不愿去改正。

乔治·思托顿爵士去印度的监狱探望一名杀人犯时，发现他每天都被要求睡在一张布满了铁荆棘的床上。荆棘并不锋利，不会将皮肤刺破出血，但是却叫人感觉极不舒服。乔治·思托顿爵士到来时，这名犯人已在这张床上睡了足足5年。他早已对此习以为常，每天都能香甜入睡，反倒是普通的床叫他无法适应了。在刑期结束，即将出狱时，他提出了一个惊人的要求：希望监狱可以帮自己做一张一模一样的荆棘床！当折磨变成习惯时，竟然可以令承受者甘之如饴，难以割舍！

圣保罗坚信习惯的强大力量，他曾这样说道："我已经不信任法律了。本应是正义化身的法律现在却在制造罪恶。在我看来，现在的法律完全悖逆了上帝的原意，我因此而迷失了方向。上帝啊，我该怎么办呢？"他口中的"法律"是指一种存在于古代的习俗：将杀人犯跟被他杀害的人绑在一块儿，让尸体散发出来的臭气把杀人犯活活熏死。

比彻说过："到入海口处拦住密西西比河的各条支流，并分辨出它们各自的源头，这一点有哪个人能办到？这里任意一颗沙粒，要判断其属于落基山还是阿利根尼山，又有哪个人能办到？这些河流就好比人类性格中的各个方面，早已融为一体，密不可分。"有什么样的付出，就会有什么样的收获。人类性格的养成，与自身的习惯息息相关。人的习惯和性格在25岁至30岁之间基本成型，再难改变，除非中途发生重大变故。举例来说，最初上船时，水手都会难以忍受船舱的颠簸与窄狭，行动处处受限。他们需要一段适应的过程，才能很好地维持平衡。在回到平稳宽敞的陆地之后，有很长一段时间，他们的行为举止依然会按照在船上的模式进行。

我们都有这样的体会：一件事情，第一次做往往会遇到很多困难，到了第二次做时，就会比第一次容易得多，往后再多做几次，会觉得越来越简单，这就是习惯带给我们的方便。

习惯的力量是巨大的，坏习惯会使我们的生活更糟糕，而好习惯则会帮助我们更好地生活。所以，我们要养成良好的习惯。

## >>> 不要因为贫困就忘记追求

格莱斯顿是英国著名的政治家,为人十分宽厚慈爱。有一次,弗朗西斯·克劳斯里在圣马丁牧师那里听到了一个有关于他的故事。

一位清洁工人生病了,圣马丁牧师特意到郊区探望他。

牧师问:"你生病的这段时间,有谁来探望过你吗?"

清洁工人答道:"格莱斯顿先生曾来看过我。"

牧师很吃惊:"格莱斯顿先生怎么会来看你?"格莱斯顿时任英国财务大臣,尽管他的家就在这附近,但牧师还是想象不到他会过来。牧师心想,以他的身份,怎么可能会做出这样的举动?简直太不可思议了。

清洁工人说道:"这件事我也没有预料到。先前,格莱斯顿先生每次经过我负责的那条路时,都会主动跟我打招呼。前几天他路过那儿时,没有看到我,于是去询问我的同事。在得知我生病的消息后,他便打听到我的住址,过来探望我。"

"他来到这里之后发生了什么?"牧师又问。

"他虔诚地为我作祷告,还讲述了一些《圣经》中的语句,让我放宽心,好好休息。"清洁工人如实地说。

像耶稣一样,对每个人都以仁慈宽厚之心待之,这便是格莱斯顿成就自己高尚人格的根本原因。

在此,我还要讲述一下查尔斯·科里特顿的事迹。查尔斯·科里特顿自从女儿做了修女之后,便开始了一项崭新的事业:她将上帝的庇佑带给所有失去希望的人,将和平的福音带给在战争中饱受折磨的人。为了庇护那些流浪的女性,她还出资创建了一所慈善机构,让那些孤苦无依的女性内心重新燃起了希望之火。

古往今来,很多伟大的女性,以自己辉煌的一生,在人类的英雄榜单上烙下了自己的芳名。

在新奥尔良的广场上,矗立着一座大理石雕塑,雕塑中的人物名叫玛格丽特。

多年前,新奥尔良黄热病肆虐。这场疫病夺走了玛格丽特的双亲的生命,只留下她一个人艰难地在世上生存。她年纪轻轻时便结了婚。但是很不幸,她的丈夫很快就去世了,她又成了孤家寡人。玛格丽特身体瘦弱，而且大字不识，几乎无法胜任任何工作。她好不容易才在收容所里找到一份工作，接着就每天从早忙到晚，无微不至地照顾收容所里的孤儿。后来，政府出资修建了一所新的收容所，聘请了专业人士来照顾那些孤儿，玛格丽特随即便失业了。

为了生计，她开了一家小店，出售牛奶和面包。因为她心地极为善良，她的名字在新奥尔良几乎无人不晓。人们纷纷慷慨解囊，帮她买了一台烤面包的炉子和一辆运送牛奶的小车。尽管生活并不宽裕，玛格丽特还是节衣缩食，竭尽全力攒钱帮助城里的孤儿们。她将这些孩子视如己出，几十年如一日地庇护着他们。在她去世之后，新奥尔良特意为她打造了一座美丽的雕像，永远纪念这位高尚无私的母亲。

有一位女士，尽管生活贫穷，却对著名心理学家哥尔德史密斯的学术研究及生平事迹非常感兴趣。她在给哥尔德·史密斯的信中说，自己的丈夫现在毫无食欲，了无生趣，希望能通过这封信得到一些帮助。很快，她便收到了答复，哥尔德史密斯表示将会亲自上门，无偿为她的丈夫进行诊断。诊断结果证实，她的丈夫是因为生活穷困才生病的。哥尔德史密斯向女士保证，将会为她的丈夫提供最好的治疗。经历过这件事以后，心理学家便为自己额外准备了一些硬币,并在装硬币的盒子上写了这样一句话:"如果有需要,请尽情使用,快意生活最重要!"

战功卓绝的戈登将军生平荣获无数勋章,可是他却独独看重其中一枚。这枚勋章是一位外国的王后送给他的,上面的题词非常别致。后来,这枚勋章莫名其妙地失踪了。当它再度被人发现时,已经是多年后的事了。事情的真相出乎人们的预料,原来始作俑者正是勋章的所有者戈登将军。他除掉勋章上别致的题词,以10英镑的价格卖掉了它,随后匿名将这笔钱捐赠给了一所慈善机构,用于救助受灾的百姓。

斯特拉特夫子爵特意为克里米亚战争举行了一场宴会。席间,大家做了一个游戏,每个人都在纸上写了一个人名,写下谁的名字,就是认定谁将在此次战争中名声大振。最终,所有人都不约而同地将"福洛伦斯·南丁格尔"作为唯一的答案。

曾有人这样形容福洛伦斯·南丁格尔:"南丁格尔好像从来不知疲倦为何物,不分昼夜地带着她的队伍四处奔波。哪里最危险,哪里就有她的身影。当时,从巴拉克战场和印科曼战场上抬回了无数伤员,情况混乱至极。但南丁格尔没有丝毫胆怯,她将伤员们一一安置下来,将整个局势都掌控在手中。有时候,她每天要工作20个小时甚至更多。只要有她在的地方,一切都井井有条。"

有位医生与她共事多年,在谈到这位同事时,他说:"南丁格尔的专业水准非常高,反应极为灵敏。我从医多年,从未见到有人能超过她的速度和准确度。身为医护人员,面对一些极度血腥的场面在所难免。在这种时候,更能突显南丁格尔的无私忘我。她永远坚守在伤员身边,只要伤员带有一线生机,她便会坚持到底。"

一名士兵说道:"在面对伤员时,南丁格尔永远都面带微笑,不停地说着鼓励的话语。她是所有伤员的定心剂,只要她在附近,伤员们便能安然入睡。"

另外一名士兵说道:"在南丁格尔出现以前,我们的世界糟糕得就像地狱;在南丁格尔出现以后,我们的世界美好得仿佛是天堂。"

不同的故事,相似的人格。这些无私地撒播仁爱的伟人们,他们的事迹与人格将永存人们心间。伟大的人格从来都是相通的,其共同之处就在于一种叫做"黏合剂"的因素,详细说来,就是为了完成自己的使命不惜一切代价。"这种'黏合剂'将他们的善良、智慧、才华、仁爱、乐观等优秀因素全都黏合在一起,最终构筑成其完整而伟大的人格。"安娜·詹姆士这样解释道。

无论人类发展到什么阶段,仁爱与正直都绝对不会被淘汰。此外,人类也需要树立正确而坚定的信仰。正确的信仰能指导人类将潜能发挥得更好,时刻保持旺盛的精力和强大的自信心,推动伟大人格的构筑进程。

李希特尔说:"仁爱宽厚对人类而言是最珍贵的。面对冷酷之人以温柔应对,面对自私之人以宽厚应对,面对无情之人以温情应对,面对厌世之人以兴趣应对。上帝将保佑一切仁爱宽厚之人。"

## >>> 如何在社交活动中胜出

在社交生活中，最受欢迎的是能给大家带来欢乐的人。在切斯特菲尔德勋爵看来，这种可以带给他人欢乐的能力是一种最宝贵、稀有的财富。成为一名受欢迎的人是社交活动中最重要的事。获得欢迎的前提条件是我们的谈吐必须风趣幽默，这样才能引起他人的注意。否则，人们会像躲避洪水猛兽一样对你敬而远之，那么你的目的也就很难达成。人们都喜欢那些性格活泼、乐观、热心的人，因为这些人可以给周围的人带来欢声笑语、阳光和颂歌。

要想在社交活动中胜出，我们首先要努力赢得他人的兴趣。值得注意的是，这种兴趣必须是发自内心的。切勿矫揉造作，这样只会招致他人的反感。与人交流时，让对方感觉到你对他及他提到的每件事都非常感兴趣，这是最好的可以使人与你交心的方式。这一准则对世界上所有人都适用，特别是刚踏入社会的年轻人。

社交活动中的事都是相对的,你拒绝别人的同时,别人也可以拒绝你。在这种场合切忌只谈论自己、一味地回忆自己光荣的过去。因为这样做只会使人产生压迫感,而没有任何愉悦感可言,人们会远远躲开。

追求阳光和欢乐,远离阴霾和忧伤,是人类的天性。愉快、和气的脸人人都爱,而总是满脸忧郁不可能受到周围人的欢迎。

那些没有趣味的人,会令与他相处的人感到痛苦,仅仅是见面时的互相问候就让人无法忍受,与之交谈时感觉更甚,因为人们完全不明白他们究竟想表达一个什么主题。

很多人把优雅的举止看做一种矫揉造作之举。他们认为不加修饰的人性才是最美的人性,就像天然去雕饰的钻石才是最美的钻石一样。在他们眼中,真诚之人应该是直截了当的,而热爱真理的人必然会有所成就、受人敬仰,即使他们的外表再粗俗也不会对此产生影响。虽然他们的这种见解也有可取之处,但是他们忽略了一点。外表粗俗之人,即使如璞玉一般价值连城,但未经雕饰的璞玉没有人会愿意佩戴。因为再罕有的玉石在没有经过雕饰前是显现不出其价值的,常人的眼光不可能分辨得出它和普通玉石的区别。雕饰的精密程度也会对它的价值产生一定的影响。

如果一个人高贵优雅的品质因为他外表的粗俗而不被人发现，这是非常令人惋惜的，并且他们自身的价值也会因为外表的粗俗而降低。通常只有观察敏锐的聪明人才能发现他们内在的价值，其他人不留意的话根本不会发现。这就好比璞玉，它们只有在经过精雕细琢后才能得到广泛的认可，外形粗糙的璞玉是不易被接受的。对于有才华的人，良好的修养、惹人喜爱的性格和优雅的举止会使他的价值增长上千倍。

第一印象往往如同烙印一般根深蒂固，难以改变，不管是好的还是坏的，均如此。当然，在交往中，仅凭第一印象来判断一个人的品性是非常片面的，也不可取。只有当我们对一个人有了深入的了解后，才能全面客观地对其作出评判。可是事实上，我们的大脑会在遇到初次见面的人时飞速运转并进行计算，而这一点我们并不知情。当我们集中精力观察对方并快速地对其作出判断时，身上所有的细胞都处在高度紧张状态。大脑会迅速地根据对方的言行举止，经过紧张的计算得出结果。我们对人的初步判断就是这样得出的，整个过程都在瞬间完成，但对我们的影响却极大，很难彻底忘掉这种对人的第一印象。

我们往往需要花费大量的时间与精力，用来弥补留给别人的不好的第一印象。我们甚至因为留给对方恶劣的印象而必须写信向对方道歉，但结果却收效甚微。之后的道歉及努力产生的影响，根本无法同强烈的第一印象相提并论。第一印象已经牢牢地扎根于脑海中，之后再如何努力改变都于事无补。所以，事业刚刚起步的年轻人必须特别注意，一定要给初次见面的人留下良好的印象。如果给人留下不好的印象，就会使你的事业在起步阶段即遇到障碍，更不要提长期发展了。

真正的男子汉必定会给人留下良好的第一印象，因为他们品格高尚、光明正直。这些明显的性格特征犹如灯塔，引导人生之船顺利地航行于浩瀚之海。得体的仪表和优雅的举止能从侧面反映出你真实的涵养，也能为你赢得世人的信任。

很多人不知道自己为何会不受欢迎。在社交活动中大家总对他敬而远之，他只能伤感地独自坐在角落里，看别人愉快地嬉戏、聊天。他即使能找到话题加入到谈话中，也很快会被再次排除在外，就好像有外力将他拉离这个谈话圈子。他们似乎命中注定要过着向隅而泣的生活。他们既无法邀请别人，也很少被别人邀请。他们毫无魅力可言，甚至犹如冰柱般使人得不到一点温暖。

有一位男士就是如此。他是一个很有才华、工作认真的人。他渴望在工作之余能放松一下，但事与愿违，他在生活中总是不受欢迎，找不到一点乐趣。对此他十分苦恼，因为许多能力远不如他的人却能在社交活动中如鱼得水。之所以会这样，从根本上说是因为他的自私，但遗憾的是他自己并没有意识到这一点。他的心中只有自己，考虑问题也总是站在自己的立场上。他对除自己以外的事全都漠不关心，从不会关注他人的喜怒哀乐。他在谈话时总是将话题围绕着自己，而这种行为是很令人反感的。

他在社交活动中失败的另一个重要原因是不会散发自己的魅力。其实人就好比磁铁，它的磁性来源于我们的思想和动机。而斤斤计较和投机取巧会使这块磁铁的磁性变得只针对自己，这使得我们除了自己，谁也吸引不了。现实生活中有很多这种错误的例子。有人只释放能吸引金钱的磁性，有人只释放能吸引权势的磁性，他们眼中只剩下金钱和权势。这种磁性如果太强，会使人腐朽堕落。

生活中还有些人却恰好同上述之人相反。他们心灵美好、性格完美，能使每一个与之相处过的人自发地维持优雅从容的举止。他们极具亲和力，使得所有人都爱戴、尊敬他们。因为他们心怀天下，对周围所有人都充满爱，所以他们也得到周围所有人的爱与尊敬。他们以广阔的胸怀祝福着所有人，如磁铁般吸引着形形色色的人们围绕在身边。

我们在观察人群时，下意识地便可找出那些具备主流品质的人。我们可以透过一个人的言行举止来对他的品行、为人作出推断。他可能孤高自大、清高傲慢，也可能孤独寂寞、超脱世俗；他可能慈祥仁爱、胸襟坦荡，也可能甜美清纯、活泼可爱。不同的人有不同的气质，我们会根据自己的观察选择值得交往的朋友。因此，养成优雅的举止和惹人喜爱的品质可以帮助我们交到更多的朋友。

冷酷乖张、严重以自我为中心的人毫无魅力，他们不受欢迎，总是遭到别人的厌恶与排斥，没人爱也没人愿意接近。那么究竟成为什么样的人才能有魅力呢？对世人皆怀有仁爱之心的人就是极具魅力的。这样的人会受到异于常人的欢迎，人人都想和他交谈，并对他兴趣浓厚，总是像谈论所崇拜的英雄似的时时谈论着他。只有先付出自己真心的爱，才能获得他人的爱与帮助，这个道理对每个人都适用。爱使我们消除隔阂，抛弃自私自利的念头，使我们的生活平静祥和。我们对他人的爱与尊重应及时表达，努力做个有趣味的人。真心热爱他人的人必定会广受欢迎，得到他人的热爱。

一个人的声音是否优美动听，也是决定他能否在社交活动中受到欢迎的关键因素。

"即使身处黑暗的房间中，我也能根据周围的人的声音判断出他的人品，是温文尔雅还是凶神恶煞。"托马斯·希金森这样说道。

每个人的声音都可以做到极具感染力，只要经过适当的训练以及调整。听声音干净、有韵律感的人讲话，就如同听一把神圣的乐器上流淌出的美妙音符，两者都是一种莫大的享受。

纯洁、和谐、生动的声音是上帝赐予我们的神奇的礼物，它体现了我们修养的良好及品格的高尚。我们每个人都可以凭借它来增添自身魅力。说话字正腔圆、停顿有序之人品位必定不会差。我们若能合理运用语言的力量，往往会有意外的收获，尤其是女士。

那些活在自己的世界里、永远把自己放在首位的人是很惹人讨厌的，他们长期过着与世隔绝的生活，这使得客观、开放的生活成为他们遥不可及的梦想。而他们可能也没发现，使他们丧失热情活力的原因，正是这种长期与世隔绝的生活。他们冷酷无情，就像寒冷的冰柱一样，往往会令周围的人感到不寒而栗。

我曾经认识一个因相貌普通而很没自信的女孩。她自卑又敏感，对任何事都感到沮丧，提不起兴趣来，甚至想要封闭自己的心灵，她的精神状况曾一度接近崩溃边缘。

幸运的是，她后来通过朋友的帮助走出了困境。那位朋友只是灌输给她这样一种观点，优雅的举止及高雅的情调比漂亮的外表更有价值，而且想要获得也相对容易一些，所以相貌普通没有关系，我们还可以追求情调的高雅及内涵的丰富。

在这位朋友的帮助下，她一改往日的自卑及敏感，变得乐观自信起来。面对生活，她心态积极乐观，昂首挺胸，步态轻盈。她将自己关注的重点从漂亮的容貌转移到优雅、得体的举止上来。她开始相信，她身上也蕴藏着有待开发的独特的闪光之处，她是上帝的杰作。

现在的她，满心都是如何展现自己的优秀与美好，不再担心因为长得丑而不受欢迎。她的这种做法是明智之举。她曾经说过："现在看来，我最初坚持鼓励自己，防止自己再陷入痛苦中的做法是对的。"

想法的改变使得她开始想方设法地提高、完善自我。她大量阅读经典著作及优美散文，收获了各类知识，探索到生命的源泉及完善自我的方法。

她以前认为自己打扮得再漂亮、举止再优雅也没人欣赏，所以并不重视穿衣打扮。而现在的她总是衣着得体、大方，并努力保持优雅的举止，因为她的想法已经与过去完全不同。

她通过自己的努力由丑小鸭跃升为白天鹅。她开始在社交场合变得受欢迎，而不再是被置于角落的旁观者。她变得风趣幽默、善解人意，善谈并且说话充满魅力。她因此成为各种聚会的常客，甚至比那些漂亮女孩还受欢迎。这种转变真让人难以置信，这个正被人羡慕着的人，仅仅几个月前还在羡慕着别人。她不仅在短时间内战胜了心魔，还通过努力成为她的生活圈子中最优雅、最有魅力的女孩。

只有拥有过人的毅力与决心之人才能完成这种艰巨的任务。她不仅克服了消极自卑心理，还通过完善自我、提高修养的方式有效地弥补了容貌上的不足，真的做得很好。

对于处于失望及忧郁情绪中的人来说，通过自己的努力变得愉快而乐观，这是一件很有成就感的事。还有什么比美梦成真更令人感到快乐的？

## >>> 身体好，一切都好

每个年轻人都应该清楚，身体是生活的基础。有好的身体才能有好的生活，过得幸福安康。我们要格外爱惜自己的身体，尽力保护它不受伤害。

有些人忙于自己的奋斗目标，顾不上吃一顿好饭，睡一次好觉，他们总自欺欺人地安慰自己忙过这阵就休息。然而他们从未真正休息过，直到身体累垮、精力不济。他们不明白自己为何如此年轻就已经头发花白、没有胃口、浑身酸痛，其实这完全是他们自己一手造成的。他们的健康正是毁在这种急功近利的工作态度上。

我们可以自主选择过哪种生活，这里有两种截然相反的活法。一种是毫无规律、一团糟的生活，每天为了理想而奋斗，完全没有休息时间，不惜牺牲自己的健康及几年寿命。另一种是有规律的、有节制的生活，保持身体健康、心情愉快，能够多活几年。

我们要想取得成功，必须有强健的身体来支撑。我们应格外爱惜身体这一宝贵财富，它的价值是不可估量的。

在当今社会，很多悲剧都是因生活节奏太快而导致的。我们在大城市随处都可以遇到这样一些年轻人，他们头发花白、弯腰驼背，单从外表完全看不出只有30岁上下。他们身上死气沉沉，早已失去年轻人该有的朝气，他们脸上也早早地留下了岁月的痕迹。我真的替他们感到惋惜，他们在劳累中过早地花光了自己的精力，只能空有一身本领及远大的理想，却最终一事无成。他们的身体就如同已经锈蚀、报废的机器。因此，我们应该将自身的精力合理利用，从而保证我们的身体在被有效使用的同时不被过度使用。

要保持健康、富有活力的身体，就必须提供给它充足的营养。很多人聪明地以为自己每天都能省下一点伙食费，却忽视了因此导致的营养不良，结果弄垮了自己的身体。其实，若能保持营养充足、休息充分的话，我们会有更高的工作效率，取得更大的收获。

节俭虽然是一种美德，但过度的话会变成一种浪费。愚蠢之人以省吃俭用的方式来省钱，把自己弄得营养不良。尽全力保证自己身体健康，这才是真正的节俭。懂得这一道理的人为了保持住清醒的头脑和充沛的精力，会想尽办法对它们进行补充。他们清楚，强健的身体和充沛的精力是取得成功的有力保障。

日常生活中有很多人因不爱惜身体而导致失败。他们只顾盯着别处的财富，却忽视了他们自身所拥有的。他们只会使用身体这一机器来获取成功，却不懂珍惜它、爱护它。不爱惜自己的身体是一种错误的行为，这就如同用金钢钻在自己生命的宝库上打洞，使我们成功的财富流泻而出。这些人日夜不休地进行着这种疯狂的行为，仿佛在比赛谁能先把这些生命财富泄漏完。他们不只不爱惜身体，还肆无忌惮地消耗自己的精力与生命力。

我们宝贵的精力会被很多不良生活习惯白白消耗掉，这些不良生活习惯会严重损害我们的精力与体力。例如睡眠不足、缺乏运动、营养不良、连续工作、负担过重等，都会造成这种危害。

想要成功，先要有成功必备的生命和精力。如果连这两点都失去了，何谈成功？因而，我们每个人都应珍爱生命，避免疏忽身体健康。

军人毫无疑问是走路最有气势的人。那些精神抖擞、昂首阔步地走在街上的人，很有可能就是一名海军军官或者陆军校尉。他们通过艰苦训练才换得这人人称羡的挺拔身姿，这个艰苦的过程大家都不愿经历。其实残疾人也一样可以拥有优雅的身姿、强健的身体，只要他们能忍受艰苦训练，过有规律的生活。

人们总会对身姿良好的人持有好印象，而拥有良好身姿其实并不难。始终保持以笔直、挺胸、肩膀后张的姿势走路或者站立，持之以恒，我们自然就能拥有优雅且富有朝气的身姿。千万不要摇摇晃晃地走路，而应该如同行云流水一般。急切或者缓慢地拖着脚走路的人，会在别人心中留下不好的印象。很多人都有个坏习惯，就是爱整日弯着腰，这是最破坏自己形象的行为。这些人缺乏锻炼，整日都坐在椅子或沙发上，慢慢养成了弯腰的坏习惯。总爱弯着腰的人，消化功能必定不好，因为这种不当的姿势会阻碍血液循环，影响心脏的跳动。这会钝化我们的思想，消磨我们的意志，这是它给我们造成的最大伤害，破坏我们的形象还在其次。

如果一个人因为身姿的不挺拔而导致意志消沉，进而影响了自己在学识及能力上的追求，是令人十分遗憾的。我们身体的各部分都会对我们的学识及能力产生影响，周身不适往往是由身体某一部位的小问题引起的。

　　染上不良习惯非常容易，任何小细节稍不注意都会导致这种结果。比如有人喜欢躺着看书或趴着看书，导致站立时也总是习惯东倒西歪。这些不良习惯会使我们变得急躁，极大地伤害我们，所以我们应该抬头挺胸、斗志昂扬地面对生活。每个人都有权利活得潇洒自在，即便是衣着寒酸、地位低下之人亦如此。

　　对于那些因不常常给机器润滑而导致机器提前报废的工程师，我们会把他看做笨蛋嘲笑一番。生活中亦有这样的笨蛋，然而可悲的是，我们不仅没有加以嘲笑，反而不自觉地成为其中的一员。